"十二五"国家重点图书出版规划项目

21世纪先进制造技术丛书

数控刀架的典型结构及可靠性设计

张义民　闫　明　编著

科学出版社

北　京

内 容 简 介

本书系统地阐述了数控刀架典型结构及可靠性设计的理论与方法。内容包括:数控机床的基础知识,动力刀架的基本理论,数控刀架核心零件和数控刀架典型结构的设计与分析及其在机床上的应用,数控刀架的精度检测技术,数控刀架部件的可靠性设计方法,数控刀架的可靠性试验方法,数控刀架伺服电机的性能试验方法,数控刀架转位电机的可靠性试验方法,实验数据统计和分析的基本方法等。本书内容丰富,概念清晰,阐述详尽,系统性强,为读者展现了多种数控刀架典型结构及可靠性设计方法,有助于开阔读者的视野。

本书可供从事数控刀架结构设计分析、数控刀架可靠性分析和可靠性试验研究等工作的科研技术人员使用,同时也可作为高等院校从事数控机床动力伺服刀架设计教学、科研工作的教师以及研究生的参考用书。

图书在版编目(CIP)数据

数控刀架的典型结构及可靠性设计/张义民,闫明编著. —北京:科学出版社,2014.6

("十二五"国家重点图书出版规划项目:21世纪先进制造技术丛书)
ISBN 978-7-03-040888-4

Ⅰ.①数… Ⅱ.①张…②闫… Ⅲ.①数控机床–刀架–结构设计
Ⅳ.①TG502.31

中国版本图书馆 CIP 数据核字(2014)第 119599 号

责任编辑:陈 婕 唐保军 / 责任校对:彭 涛
责任印制:徐晓晨 / 封面设计:蓝正设计

科 学 出 版 社 出版
北京东黄城根北街16号
邮政编码:100717
http://www.sciencep.com

北京厚诚则铭印刷科技有限公司 印刷
科学出版社发行 各地新华书店经销

＊

2014 年 6 月第 一 版 开本:720×1000 1/16
2021 年 7 月第五次印刷 印张:11 1/4
字数:220 000

定价:98.00 元
(如有印装质量问题,我社负责调换)

《21 世纪先进制造技术丛书》编委会

《21世纪先进制造技术丛书》序

21世纪，先进制造技术呈现出精微化、数字化、信息化、智能化和网络化的显著特点，同时也代表了技术科学综合交叉融合的发展趋势。高技术领域如光电子、纳电子、机器视觉、控制理论、生物医学、航空航天等学科的发展，为先进制造技术提供了更多更好的新理论、新方法和新技术，出现了微纳制造、生物制造和电子制造等先进制造新领域。随着制造学科与信息科学、生命科学、材料科学、管理科学、纳米科技的交叉融合，产生了仿生机械学、纳米摩擦学、制造信息学、制造管理学等新兴交叉科学。21世纪地球资源和环境面临空前的严峻挑战，要求制造技术比以往任何时候都更重视环境保护、节能减排、循环制造和可持续发展，激发了产品的安全性和绿色度、产品的可拆卸性和再利用、机电装备的再制造等基础研究的开展。

《21世纪先进制造技术丛书》旨在展示先进制造领域的最新研究成果，促进多学科多领域的交叉融合，推动国际间的学术交流与合作，提升制造学科的学术水平。我们相信，有广大先进制造领域的专家、学者的积极参与和大力支持，以及编委们的共同努力，本丛书将为发展制造科学，推广先进制造技术，增强企业创新能力做出应有的贡献。

先进机器人和先进制造技术一样是多学科交叉融合的产物，在制造业中的应用范围很广，从喷漆、焊接到装配、抛光和修理，成为重要的先进制造装备。机器人操作是将机器人本体及其作业任务整合为一体的学科，已成为智能机器人和智能制造研究的焦点之一，并在机械装配、多指抓取、协调操作和工件夹持等方面取得显著进展，因此，本系列丛书也包含先进机器人的有关著作。

　　最后，我们衷心地感谢所有关心本丛书并为丛书出版尽力的专家们，感谢科学出版社及有关学术机构的大力支持和资助，感谢广大读者对丛书的厚爱。

华中科技大学

2008 年 4 月

前　　言

为了提高国产数控机床的可靠性水平及提升机床产品的国产化程度,作者结合研究团队长期从事机械产品的动态设计和可靠性设计研究所沉淀的理论与技术和所积累的知识与经验,对数控机床的动力伺服刀架进行了相关研究,重点从数控机床动力伺服刀架的典型结构、数控机床动力伺服刀架的核心部件检测、数控机床动力伺服刀架关键部件的可靠性分析与优化设计方法、数控机床动力伺服刀架可靠性试验等方面展开了大量的研究工作。所涉及的动力伺服刀架相关研究的基本概念、思路理念、理论方法、技术经验等对机械产品的分析与设计具有通用性,并具有指导与借鉴价值。本书就是在前述相关研究的基础上将涉及的相关基础理论、基本方法和基准技术等加以概括总结和提高。

本书系统介绍了数控机床和动力刀架的基础知识,详细阐述了国内外多种典型动力伺服刀架的结构系统和工作方式,为动力伺服刀架结构设计与性能分析奠定了基础,在深入阐明数控刀架的核心零件和数控刀架的应用同时,也系统论述了数控刀架的精度检测技术、可靠性试验方法和可靠性设计理论。全书共 6 章,分别讨论了数控刀架原理、数控刀架的应用、数控刀架的典型结构、数控刀架结构的可靠性设计、数控刀架的可靠性试验等。通过对本书的研读,读者可以增强对数控机床分类、用途、工作方式等多方面的理解,加深对属于数控机床动力刀架的类别、用途、结构等多方面的认识,明晰动力伺服刀架精度检测分析技术,领悟数控刀架的可靠性试验方法和可靠性设计理论及实验数据处理手段,并对实际机械产品进行可靠性分析与评估。

本书由国家"高档数控机床与基础制造设备"科技重大专项课题"动力伺服刀架的动态可靠性与可靠性灵敏度设计及试验技术(2010ZX04014014-001)"和国家自然科学基金重点项目"机械关键零件的动态与渐变可靠性稳健设计理论研究(51135003)"等项目资助出版,在此,对资助本书的项目单位表示感谢。

本书的出版离不开团队成员的卓越科研工作。在撰写本书过程中,得到了团队成员的热情鼓励和大力支持,在此要深切感谢的是:刘春时教授级高级工程师、赵进教授级高级工程师、林剑峰高级工程师、李焱高级工程师、马晓波高级工程师、刘阔高级工程师、史荣生高级工程师、孙志礼教授、赵春雨教授、郭立新教授、王永富教授、李鹤教授、赵亚平教授、李常有副教授、闫明副教授、杨周副教授、黄贤振副教授、张耀满副教授、刘宇副教授、马辉副教授、张旭方讲师、朱丽莎讲师、赵薇讲师、吕春梅讲师、周娜讲师、赵群超讲师、孙晓枫讲师、王倩倩博士、王一冰博士、吕昊博士、胡鹏博士、梁松博士等以及其他参与工作的博士研究生和硕士研究生。特别感谢周笛同学对书稿的整理和校对工作。

在撰写书稿过程中,参考了一些国内外文献和互联网资料,在此,谨向文献作者表示衷心感谢。

限于水平,书中疏漏和不当之处在所难免,敬请读者批评指正。如果本书能够为提高我国数控机床的设计制造水平发挥作用,作者会深感欣慰。

目　　录

第1章 绪 论

1.1 车 床 概 述

在金属切削机床领域,车床是切削加工的主要技术装备,主要用于加工各种回转表面,如内外圆柱面、圆锥面、成形回转面、端面及切断面等。车床是使用最早、应用最广和数量最多的一种金属切削机床,占金属切削机床拥有量的 30% 左右。车床经历了普通车床和数控车床及车铣复合中心的发展阶段。

公元前 2000 多年出现的树木机床是机床最早的雏形。古代树木机床工作时,脚踏绳索下端的套圈,利用树枝的弹性使工件由绳索带动旋转,手持贝壳或石片等作为刀具,沿板条移动工具切削工件。世界上第一台机床是在英国诞生的。1769年,英国人詹姆斯·瓦特发明了蒸汽机,拉开了工业革命的序幕,而作为制造机器的工业母机就是在这一时代背景下催生的。1797 年,英国人莫兹利制成带有机动进给刀架的铁制螺纹切削车床,并于 1800 年完成了其改进型。莫兹利的近代车床可谓是产生工作母机的始祖机器,莫兹利也因此被誉为英国机床工业之父。到了19 世纪,作为工作母机的机床在美国扎下了根。美国内战中,大量的军火消费刺激了美国的机床业发展,孕育出转塔车床、自动车床等用于批量消费的机床。19世纪初,由于被誉为机床新技术奠定人的约瑟夫·布朗等的成就,机床工业的主导权由英国转移至美国。第一次世界大战后,世界工业化进程加快,纺织、动力、交通运输机械和军火生产推动了各种高效车床和专门化车床的迅速发展。为了提高小批量工件的生产率,到 20 世纪 40 年代末,出现了利用液压仿形装置的液压仿形车床,与此同时,多刀车床、转塔车床也得到发展。广义上讲,这些车床称为普通车床。

1953 年,我国将机床的开发作为重点建设工程之一。当时的沈阳第一机床厂引进管理技术与苏联机床制造技术,并自行研制开发出中国第一台普通车床C620-1;1972 年,研发生产出普通车床 CA6140。CA6140 产品性能可靠、结构先进、操作方便、质量稳定,多年来一直被大专院校当做典型机床案例编入教材。1984 年,该型号产品成为国内机床行业中唯一获得国家质量银牌奖项的普通车床。这种机床的加工对象广,主轴转速和进给量的调整范围大,能加工工件的内外表面、端面和内外螺纹等,主要由工人手工操作,生产效率低,适用于单件、小批生产和修配车间。图 1.1 是由沈阳机床厂生产的 CA6150A 型机床。

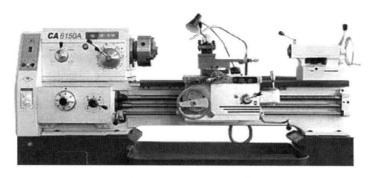

图 1.1　CA6150A 型机床

1.2　数控车床概述

普通机床经历了近两百年的历史。随着电子技术、计算机及自动化技术、精密机械与测量技术等的发展与综合应用,出现了机电一体化的数控机床。数控机床是在普通机床上发展起来的,数控的含义就是数字控制(number control,NC)。数控机床是通过数字信息控制机床按给定的运动轨迹,进行自动加工的机电一体化的加工装备。世界上最早的数控机床是 1951 年诞生的数控铣床。数控机床的方案,是美国的帕森斯在研制和检查飞机螺旋桨叶剖面轮廓的板叶加工机时向美国空军提出的,在麻省理工学院的参与协助下,终于在 1949 年研制成功。1951 年,正式制造出第一台电子管数控机床样机,成功地解决了多品种、小批量复杂零件加工的自动化问题。之后,数控原理从铣床扩展到铣镗床、钻床和车床;而数控系统从电子管向晶体管、集成电路方向过渡。数控机床是在电子计算机发明之后,运用数字控制原理,将加工程序、要求和更换刀具的操作数码和文字码作为信息进行存储,并按其发出的指令控制的、按既定要求进行加工的机床。数控技术于 20 世纪 60 年代开始应用于车床。目前,数控机床一般是采用通用或专用计算机实现数字程序控制,因此数控也称为计算机数控(computerized numerical control,CNC)。

毫无疑问,数控车床是在普通车床的基础上发展起来的。经过半个世纪的发展,数控机床已经是现代制造业的重要标志之一。在中国制造业之中,体现企业综合实力的数控机床的应用也越来越广泛。数控车床是数字程序控制车床的简称,集通用性好的万能型车床、加工精度高的精密型车床和加工效率高的专用型车床的特点于一身,是国内使用量最大、覆盖面最广的一种数控机床。数控车床是集机械、电气、液压、气动、微电子和信息等多项技术于一体的机电一体化产品。按照事先编制的加工程序,自动地对被加工的零件进行加工。将零件的加工工艺路线、工艺参数、刀具的运动轨迹、位移量、切削参数(主轴转数、进给量、背吃刀量等)以及辅助功能(换刀、主轴正转、反转、切削液开、切削液关等),按照数控机床规定的指令代码及程序格式编写加工程序单,从而实现机床自动加工零件[1~3]。

数控车床的主体结构与普通车床基本相似,为了提高加工效率,数控车床多采用液压、气压和电动卡盘。数控车床由主轴传动装置、进给系统、床身、滑板、辅助运动装置、尾座、液压气动系统、润滑系统及冷却装置等组成[4,5]。而数控机床在整体布局、外观造型、传动系统、刀具系统的结构甚至控制方式等有很大变化,这种变化更大程度上是为了满足数控车床的要求及发挥数控机床功能和特点。比较明显的是,数控车床配置数控刀架替代普通车床的手动刀架,从而实现数控车床的自动换刀。另外,数控车床没有传统的进给箱和交换齿轮架,而是直接采用伺服电机通过滚珠丝杠驱动溜板和刀架实现进给运动,因而进给系统的结构大为简化。车螺纹也不再需要另配丝杆和挂轮,刻度盘式的手摇移动调节机构也被脉冲触发计数装置所取代。再者,数控柜、操作面板及显示监控器是数控机床特有的部件[6~9]。

1.3 数控车床分类

数控车床品种多样,可以从机床的数控系统、结构和性能等方面进行分类。

按数控系统功能和机械构成,可将数控车床分为简易数控车床或经济型数控车床、全功能数控车床和车铣复合加工中心。简易数控车床是比较低档的数控车床,一般用单板机或单片机进行控制,使用开环的步进数控系统,采用步进电机,没有反馈,控制精度低,价格较低;机械部分是在普通车床的基础上改进完成的;成本较低,自动化程度和功能都比较差,车削加工精度也不高,适用于要求不高的回转类零件的车削加工。图 1.2 是由沈阳机床集团生产的 CA6250C 型机床。

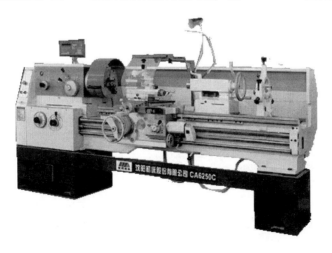

图 1.2 CA6250C 型机床

全功能数控车床是中档次数控机床,根据车削加工要求进行专门的结构设计,并配备通用数控系统而形成的数控车床,数控系统功能强,具备数控车床的各种结构特点,自动化程度和加工精度也比较高,适用于一般回转类零件的车削加工。这种数控车床可同时控制两个坐标轴,即 X 轴和 Z 轴,一般为半闭环或全闭环控制,精度较高。图 1.3 为 EL6153 型机床的外观结构图。

图 1.3　EL6153 型机床

车削加工中心是在全功能数控车床的基础上,增加了 C 轴和具有动力刀具输出功能的动力刀架,更高级的数控车床带有刀库,可控制 X、Z 和 C 三个坐标轴,联动控制轴可以是(X,Z)、(X,C)或(Z,C)。由于增加了 C 轴和铣削动力头,这种数控车床的加工功能大大增强,除可以进行一般车削以外,还可以进行径向和轴向铣削、曲面铣削、中心线不在零件回转中心的孔和径向孔的钻削等加工。主轴部分[10]有卧式的车床轴,结构与车床主轴类似,可以作为普通车削主轴应用,功率较大,车床轴上安装有分度装置,可以进行千分之一度连续分度,类似于 CNC 转台的功用。另外,机床还安装有一铣主轴,一般刀具接口为 BT、HSK、CAPTO 等,可作为普通铣削主轴使用,功率等级一般略小于立式加工中心[11]。随着数控机床技术的进步,机床复合技术进一步扩展,促使复合加工技术日趋成熟,包括铣-车复合、车-铣复合、车-镗-钻-齿轮加工等复合、车-磨复合等,成形了复合加工、特种复合加工等多种技术的状态,复合加工的精度和效率大大提高。"一台机床就是一个加工厂"、"一次装卡,完全加工"等理念正在被更多人接受,车铣复合中心的发展正呈现多样化的态势。图 1.4 为 HTC2550m 车削加工中心。

按照数控车床的结构方式即数控车床的主轴放置形式,数控车床可分为卧式和立式两大类。卧式数控车床又分为数控水平导轨卧式车床和数控倾斜导轨卧式

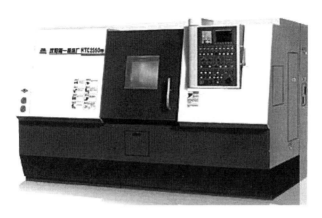

图 1.4 HTC2550m 车削加工中心

车床。档次较高的数控卧车一般采用倾斜导轨,常用的有 45°、55° 和 70° 床身,以适应不同行业工件的加工需求。其倾斜导轨结构可以使车床具有更大的刚性,尤其是整体铸造床身,并易于排屑,角度大的机床的排屑性能好。机床主轴中心高与操作者接近,便于切屑流动和调整卡紧力,并易于操作,卧式数控车床一般适合加工轴盘类零件,特别适合细长轴零件的车削加工。立式数控车床简称为数控立车,其车床主轴垂直于水平面,有用来装夹工件直径很大的圆形工作台。这类机床主要用于加工径向尺寸大、轴向尺寸相对较小的大型复杂零件。

　　按刀架数量分类,又可分为单刀架数控车床和多刀架数控车,前者是单主轴、两坐标控制,后者是双主轴、多坐标控制。一般常用的结构形式是双主轴双刀架,双刀架卧车多数采用倾斜导轨。这种机床的刀架一般是水平平行放置,也有垂直分布的。这种机床加工的工序较多,更加复杂,一次装卡可实现两端面整体加工。例如,近些年出现的双主轴三刀架的 9 轴联动数控车削中心,一台机床简直就是一个工厂。

1.4　数控刀架概述

　　刀架也称为刀塔,是车床的重要组成部分。早期刀架的主要功能就是把持车床刀具,实现车床的切削加工和变换刀具。

　　数控刀架的产生及发展与数控车床的产生及发展是密不可分的:一方面数控刀架随数控车床的发展而产生;另一方面数控刀架的进步和不断创新又刺激和推动了数控车床的发展。从普通车床到数控车床以及车铣复合加工中心,刀架已经脱离把持刀具装置的范畴,如实现自动换刀、自带铣削动力实现铣削、钻削、攻丝等复合化功能,是一个既有动力输入,又有动力输出以及具备控制系统的完整的自动化设备[12]。

数控刀架,在我国曾被定性为机床附件,在国外则被定义为机床功能件。随着数控机床的飞速发展,机床设计已由传统的统筹设计发展到模块化设计,即按照机床的功能化分模块,因此这些功能部件的性能已成为整机性能的决定因素。

1.5　数控刀架分类

数控刀架可以从刀架的档次、刀架的动力驱动源及刀架的安装方式等方面进行划分。

1. 按照行业上应用的数控刀架档次进行分类

按主机配套场合不同,数控刀架主要分为高、中、低三个档次[13~15]。

1) 低档数控刀架

我国经济型数控车床、简易数控和电子车床所使用的刀架属于低档数控刀架,主要有沈阳生产的 SLD 系列电动刀架、WD 系列电动刀架,常州生产的 LD-4 电动刀架等。这种刀架结构简单,容易设计、制造,是我国的特色产品,已经形成规模化生产;其品种多、规格全,可以满足我国该种机床的使用要求。图 1.5 为低档数控刀架结构。

2) 中档数控刀架

普及型数控车床或者称为全功能数控车床所使用的刀架属于中档数控刀架,包括数控卧车和数控立车,主要有双选电动刀架、液压刀架以及伺服刀架。此类刀架在我国初具规模,但是国外产品对我国市场冲击较大,进口比例较大。图 1.6 为中档数控刀架结构。

图 1.5　低档数控刀架

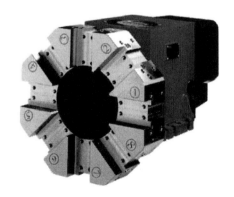

图 1.6　中档数控刀架

3) 高档数控刀架

带 C 轴功能的普及型车床、车铣复合加工中心等配套的且具有换刀功能的高档刀架,包括动力刀架、带 Y 轴刀架和 B 轴刀架[16,17]等。此类刀架研究在我国起步较晚,目前仍处在研究阶段,没有商品化。图 1.7 为高档数控刀架结构。

2. 按照刀架的动力驱动方式分类

刀架主要分为电动刀架、液压刀架、伺服刀架。电动刀架指刀架的转位动力源为电机,一般指力矩电机。低档刀架一般为电动刀架。液压刀架指刀架

图 1.7 高档数控刀架

的转位动力为液压马达或液压缸驱动齿轮齿条。伺服刀架指刀架的转位动力采用伺服电机。动力刀架泛指刀架刀具具有动力输出的功能,如铣削、钻削和攻丝等功能,目前较成熟的形式是在标准刀架的机体上附带刀具动力输出模块。

3. 按照在机床上安装刀架的形式分类

刀架主要分为卧式刀架、立式刀架、前置刀架和后置刀架。卧式刀架是指刀架的刀盘旋转轴水平放置或者与机床进给轴平行。立式刀架指刀架的刀盘(一般称为刀台)旋转轴竖直放置或者与机床的滑板面垂直。图 1.8 为卧式刀架结构。前置刀架是指位于主轴与操作人员之间的刀架。后置刀架是指主轴位于刀架和操作人员之间的刀架。

图 1.8 卧式刀架

1.6　动　力　刀　架

动力刀架的发展始于 20 世纪 80 年代,最早的动力刀架是在电动刀架和液压刀架的本体基础上外加动力刀具驱动模块形成的,这种动力刀架主要配置在普通的车削中心上。随着对转位速度要求的逐渐提高,长远来看,液压刀架和电动刀架会逐渐淡出市场。

随着伺服刀架的出现,伺服刀架本体上加装动力模块的动力刀架也应运而生。这种双伺服的动力刀架主要配置在中端的车削中心上,动力刀架的转位和动力刀具的驱动采用的都是伺服电机,因而结构上有进一步整合和发展的空间。20 世纪 90 年代,出现了单伺服动力刀架产品。这种动力刀架主要搭配在各种高端的车削中心和车铣复合加工中心上,其结构复杂,技术含量高。

随着车削中心和车铣复合机床模块化设计的发展以及对功能部件性能参数和可靠性要求的逐渐提高,对动力刀架的研究也就迫在眉睫。

传统的机械加工方法主要有车削、铣削、刨削、钻削、镗削等。除了车削、刨削等使用非动力刀具的加工方法外,其他如铣削、钻削、镗削等加工都可以使用皇冠型转塔刀架进行加工。这是由于这种转塔刀架有多种的动力切削刀具,刀具安装在转塔的塔头上,可以使每次仅有一把刀具在工位上,其他的刀具与加工操作不发生干涉。当由第一把刀具执行的加工操作完成之后,塔头开始旋转或分度,将第二把刀具转进加工工位。另外,现有的转塔刀架分度的步骤包括:使加工的刀具停止旋转,塔头分度,第二把刀具进入加工位置,并使其达到工作转速。

机床使用转塔刀架的主要目的是:尽可能快地生产加工工件;加工机械有最小的磨损和疲劳。而现有的转塔刀架的一个重要时间耽搁是由塔头分度时,停止和启动这些切削刀具产生的;另外,停止和启动切削刀具还会对相关的机械部分产生不必要的磨损。

现在所需要的是一种安装有多种动力切削刀具的转塔刀架,这里的刀具可以连续旋转,因此避免了由刀具启停所产生的时间耽搁,并且多种加工方法的复合还可减少加工的工序;同时,还需使塔头与其支撑面之间的摩擦最小,这样转塔刀架的定位将更精确,使塔头旋转分度所需的能量更少。另外,对塔头的冷却液和压缩空气的供应将使刀架的加工更加精确[18~20]。冷却液可以允许刀架的轴以更高的速度、更低的温度、更少的磨损来旋转;压缩空气可以用来阻止污染物进入两运动部件之间的区域,且能够清除已经进入这一区域的污染物。这种描述的皇冠式转塔刀架就可以满足上述要求。

因此,研究此种转塔刀架势在必行,对于我国转塔刀架的发展有重大作用,能够推动我国刀架行业的发展迈出坚实的一步。

1.6.1　动力刀架的类别

　　动力刀架可以按功能、结构、用途等多种方式进行分类[21,22]。图 1.9 为数控刀架分类图。数控刀架首先分为非动力刀架和动力刀架。图 1.10 是非动力数控刀架结构。图 1.11 是动力刀架结构。

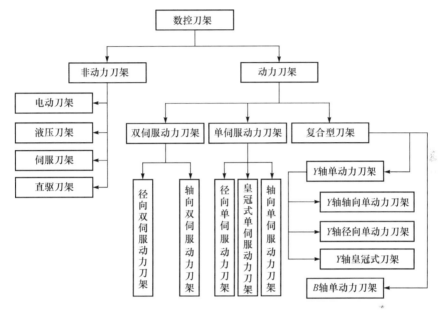

图 1.9　数控刀架分类图

图 1.10　非动力数控刀架

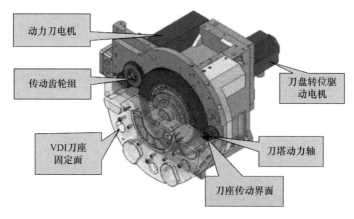

图 1.11　动力刀架

　　具有刀具传动装置的刀架一般称为动力刀架。例如,在转塔(回轮)刀架上装有回转刀具时,转塔(回轮)刀架就兼有钻、铣等功能。非动力刀架一般根据驱动方

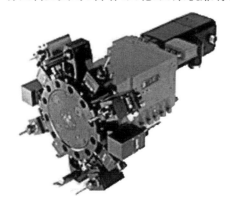

图 1.12　单伺服动力刀架

式分为普通电机驱动的电动刀架、液压马达驱动的液压刀架、伺服电机驱动的伺服刀架和力矩电机直接驱动的直驱刀架。根据动力刀和刀盘换刀是否用同一个动力源,可以将动力刀架分为单伺服动力刀架(图 1.12)和双伺服动力刀架(图 1.13)。单伺服动力刀架用一个电机驱动动力刀和刀盘,需要有离合器进行动力切换;而双伺服动力刀架分别用两个电机驱动动力刀和刀盘,通过传动机构驱动动力刀座上的动力刀具。相对来说,单伺服动力刀架的机械结构较复杂,但是其质量小、动作快、效率高、动力学性能好、成本稍低。单伺服动力刀架又根据动力刀与刀架轴线的角度分为轴向双伺服动力刀架、径向双伺服动力刀架和皇冠式单伺服动力刀架(图 1.14)。动力刀架上动力刀的进给一般依赖于刀架的进给系统。为提高动力刀的加工范围,部分动力刀架增加 Y 轴和 B 轴,形成 Y 轴单动力刀架和 B 轴单动力刀架。

　　数控机床上安装的数控刀架一般采用电(液)驱动,可以通过机械机构来完成刀架的松开、抬起、转位、定位和夹紧等动作。这类刀具有自动更换装置,通常有较大的刀具容量,能够快捷地完成自动换刀[23],充分体现了数控机床加工的自动化和高效性。目前,国际先进的全功能数控动力刀架是车削中心的核心功能部件,通常具有 8~16 把刀具的容刀能力,刀具安装在刀盘上,通过刀盘的转动即可完成换刀动作,换刀速度极快;其可以安装动力刀具,为车削中心与车铣复合加工中心提

供车削、铣削、钻削、镗削、攻丝等功能,使车削中心一次装卡就能够完成复杂零件的加工,极大地提高了零件的加工精度和效率。它也可以与车铣复合加工中心的铣削主轴配合,使二者同时对零件进行加工,大幅提高车铣复合加工中心的加工效率,使其能够满足实际生产线对加工时间的苛刻要求。

图 1.13 双伺服动力刀架   图 1.14 皇冠式单伺服动力刀架

1.6.2 动力刀架的用途

伴随加工件的日益复杂化、精度等级和加工效率的日趋提高,多轴向、高转速成为机床的必备要求,除了加工中心机床走向机能复合化外,车床方面已由早期的卧式车床开发出许多现代加工型态,如双刀塔、立式车床、倒立车床及车铣概念等多种,以顺应现代加工方式的需求。其中车铣概念复合机无疑是一项融合现代技术的机床杰作,其最大的优点在于可以轻易地在同一台机床上实现复杂零件的加工,图 1.15 为动力刀架钻孔、攻螺纹加工过程。图 1.16 为动力刀架角度钻孔、铣削曲面加工过程。图 1.17 为动力刀铣削侧面加工过程。车铣复合机可以同时进行车削(turning)、钻孔(drilling)、攻牙(thread cutting)、端面切槽(slot cutting)、侧面切槽(keyway cutting)、侧面铣削(face cutting)、角度钻孔(C-axis angle drilling)、曲线铣削(cam cutting)等。即由一台机床就可以完成一个零件的所有加工流程,大大降低了上下料换机台加工的时间,减少了人为误差的机会,达到"Do in One"的加工概念。

图 1.15 动力刀架钻孔、攻螺纹加工

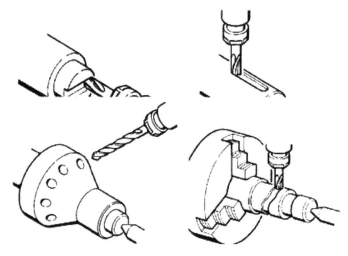

图 1.16　动力刀架角度钻孔、铣削曲面加工

图 1.17　动力刀铣削侧面加工

在现代车铣复合机中,不论是具分度的 C 轴头部、副主轴还是 Y 轴等,都必须搭配动力刀塔才能具备车铣复合的功能,因此一台功能全、性能佳、精度高的 C 轴动力刀塔,将使车铣复合机更臻完善[24~27]。

1.6.3　动力刀架的结构

目前配套在机床上的 C 轴动力刀塔主要可分为两大主流:一是机床厂家自行开发的动力刀塔;二是刀塔制造厂商开发的动力刀塔。机床厂家开发的动力刀塔能够确实地符合机床的特性,发挥其最大的功用,更能依客户的特殊加工需求,开发出特殊的刀具座,但缺点是其刀具座是依各自机床厂家的规范,不同的刀具座难以通用。

目前较大的刀塔制造商皆属欧系公司,如 Sauter(德国)、Duplomatic(意大利)、Baruffaldi(意大利)等,在刀塔设计开发上大多遵循所谓的德式快换刀座(VDI toolholder system)规范,在 VDI 规范刀塔占有较大市场的条件下,较小型的刀塔制造厂商及机床厂家也都会依循此规范研发动力刀塔。除此之外,动力刀塔可在依据动力源、刀盘型式、轴链接器、动力刀座界面的不同,而有所分别[28~35]。

1) 动力源

所谓的动力源,是指刀塔换刀时的动力源。早期刀塔的动力源多为油压分度马达,以期易于控制及降低成本。现今为了适应快速换刀的趋势,在伺服电机输出功率及材料强度有所提升的前提下,油压分度马达逐渐被伺服电机所取代。

2) 刀盘型式

根据加工的方式,可以将刀盘分为圆形轴向刀盘与多角型径向刀盘,如图 1.18 和图 1.19 所示。圆形轴向刀盘刚性较佳,但刀具干涉的范围较大,而多角型径向刀盘虽然刚性略差,但是当搭配副主轴时,可进行背向加工。此外,另有一种梅花型轴向刀盘,如图 1.20 所示,虽然所有刀具座并非都具铣削加工的功能,但

图 1.18 圆形轴向刀盘

图 1.19 多角型径向刀盘　　　　　　图 1.20 梅花型轴向刀盘

是刀具干涉的范围相比于圆形刀盘要小很多。

3）轴链接器

轴链接器直接影响到刀塔的精度及切削时的刚性，可以分为两片式与三片式两种。目前 C 轴动力刀塔皆属三片式的结构，如图 1.21 所示。虽然三片式的刚性较两片式略差，但是三片式构造的防水性和防屑性均佳，且刀盘只需做旋转而不需做推出的动作，有利于换刀时间的缩短与伺服动力刀塔的设计。

图 1.21　三片式离合器结构

4）动力刀座界面

动力刀座接口关联于机床使用者所应选购的刀具座上，一般的动力刀塔都会遵循德式快换刀座的规范。图 1.22 是几种动力刀座的接口，其中一字型的 DIN1809 与渐开线栓槽型的 DIN5480 和 DIN5482 三种型式的刀具座最常使用。DIN5480 接口可供刚性攻牙，脱离与咬合较容易，故而逐渐被广泛使用。

(a) 一字型　　　　(b) 梅花型　　　　(c) 渐开线栓槽型　　　(d) 斜伞齿型

图 1.22　动力刀座连接面

近年来，国内业界发展车铣复合机已渐普遍，但所使用的伺服动力刀塔中有 90％ 以上皆以 Sauter 等国外刀塔为主。而在成本、交货期、配合性的约束下，国内部分机床厂家及刀塔制造厂商也积极拓展伺服动力刀塔领域，以开发出更加适合机台的伺服动力刀塔，并往 Y 轴刀塔迈进[36]。

然而，由于伺服动力刀塔的结构较为复杂与细致，目前伺服动力刀塔的重切削性能大都较一般标准刀塔的弱，如何在兼具功能和速度的前提下提升精度与刚性，是将来伺服动力刀塔发展的重要课题之一[37,38]。

1.7 数控刀架的发展

数控刀架作为功能性部件配套于机床主机,集机械、电气等于一体,是典型的机电一体化产品,可谓"麻雀虽小,五脏俱全"。数控刀架的研究开发是机械、电气、电子、材料等多学科知识的综合运用。近年来,我国数控机床的功能部件已从"小件"、"附件"和"配套件"的地位提升到"关键部件",并得到了国家的高度重视,列入了国家科技重大专项,因此,数控刀架的研究发展迎来了前所未有的发展机遇。

数控刀架等功能部件已成为衡量数控机床水平的重要标志。数控刀架等功能部件的价格也是构成数控机床整机价格的主要部分。粗略计算,数控刀架等功能部件的价格已占数控机床整机成本构成的 70% 左右。目前,我国的功能部件生产发展缓慢,品种少,产业化程度低,不能满足市场要求,不得不依赖于进口。由于功能部件进口价格昂贵,造成数控机床整机价格不断上升,我国生产的数控机床几乎失去了竞争优势。市场显示,同等水平的数控机床,韩国的价格几乎与我国的价格持平,出现这一现象与我国主机厂家大量从国外采购数控机床所需的功能部件有很大关系。我国机床工具行业的专家、学者、企业家都已看到了功能部件产业的巨大发展前景。许多企业也已瞄准了市场,通过引进技术、合作生产或自主开发,初步形成了一批功能部件专业生产厂家。当前国内高水平、高质量的数控机床和加工中心还不能完全满足国内市场需求,这和与之配套的高水平的功能部件发展滞后有关,有些功能部件性能与国际著名厂家的产品还有一些差距。我国已经加入世界贸易合作组织,境外功能部件产品对我国市场的冲击将更加厉害。可以说,如果高水平功能部件生产能力没有得到大幅提高,那么将严重影响我国机床行业的快速发展[39,40]。

目前,我国数控转塔刀架行业规模企业有四家:常州市宏达机床数控设备有限公司、常州市新墅数控设备有限公司、烟台环球机床附件集团有限公司、沈阳机床数控刀架分公司。产能由原来的年产几百上千台到现在的大约 7 万台,基本满足了国内中、低档数控车床的需求。

但是,产能仅仅是恰好满足量的需求,而从技术品质来看,与世界先进水平相比,我国数控转塔刀架仍与之存在很大的差距。我国数控转塔刀架产品以中、低档次为主,中、高档次产品都是从中国台湾地区和国外引进,特别是欧洲国家,像意大利的迪普马、巴拉法蒂,德国的肖特等都是有几十年的数控转塔刀架设计、研发经验的企业,其产品精度等级、技术参数都远高于我国国家标准和任何一家企业标准。

相比而言,中国台湾地区的液压刀架其稳定性、可靠性、适应性基本达到国际同类产品水平,而且有相应的特点,与欧洲产品相比,价格适中,具有很高的性价比。因此,台湾的数控转塔刀架在大陆有一定的占有量,而且在中档次机床的配置尤为突出。

高速、高精、五轴联动、复合型机床是未来机床的主方向,机床功能附件必然围绕这一主题发展,这样才能满足机床制造厂家的需求。国产数控车床今后将向中高档发展,中档采用普及型数控刀架配套,高档采用动力型刀架,兼有液压刀架、伺服刀架、立式刀架等品种,预计近年来对数控刀架的需求量将大大增加。随着数控机床的发展,快速换刀、电液组合驱动和伺服驱动的数控刀架代表数控刀架的发展趋势。

第 2 章　数控刀架原理

2.1　数控刀架通用设计原理

数控刀架作为数控机床的功能部件,一方面数控刀架承担的最主要功能是作为夹持切削刀具,使机床实现车削或动力刀架的铣削、钻削的功能,所以刀架具有刚性好的特点,以及机床工作时能实现耐切削力而不发生位置窜动;另一方面数控机床最大的特征是用电脑或数控系统实现自动控制,相应的数控刀架有能被机床数控系统自动控制的能力,即实现自动换刀,并且数控刀架自动换刀后,能保持较高的重复定位精度及分度精度。因此,数控刀架的核心工作要素是保持较高的刚性、数控刀架转位及分度,保持较高的定位精度。无论何种档次刀架,从功能原理上都必须实现这三个工作要素。而对这三个要素进行机构分解发现,它包含数控刀架锁紧系统、数控刀架转位及预定位系统和数控刀架精度保持系统[41~44]。另外,对于高档机床的模块化设计,一般要形成独立的数控刀架控制系统,以实现数控刀架的控制。

1) 数控刀架锁紧系统

数控刀架锁紧方式主要有螺纹锁紧、碟簧锁紧、液压或气压锁紧三大类。螺纹锁紧刀架主要用的是矩形螺纹,通过螺纹副的摩擦力和零件的变形应力实现锁紧;碟簧锁紧是利用碟形弹簧的压迫变形产生锁紧力,一般这种刀架采用碟簧和凸轮机构组合而成的机构共同实现锁紧;液压或气压锁紧结构是利用液压缸或气压缸的压力实现锁紧,因此这种刀架需要机床提供液压或气压源[45~48]。

2) 数控刀架转位及预定位系统

为了实现数控刀架的自动换刀,比较重要的一个工步是分度,也称为预定位,就是刀架能够按照系统所发出的选刀指令进行旋转,并停到所选工位处。一般刀架的预定位系统和转位系统互动实现定位。数控刀架的转位动力源主要有电动马达、液压马达和液压油缸。电动马达即刀架电机,主要采用力矩电机,在刀架工作时,电机提供的最大扭矩尤为重要,并且电机需要有很强的堵转能力。液压马达一般为摆线马达,也有使用液压分度的专用马达[49]。另外,近些年来采用伺服电机进行转位。用液压油缸作为动力源的刀架,主要的结构是通过液压缸带动齿条和齿轮[50],将液压缸的往复运动转化为刀架的旋转运动。目前,刀架预定位结构主要有定位销与带分度槽的定位盘组合、定位销与带分度槽的中心轴组合、专用液压分度马达以及伺服电机的位置控制分度和平行分度凸轮结构等[51~55]。

3) 数控刀架精度保持系统

数控刀架具有极高的重复定位和分度定位特性,主要依赖于数控刀架采用端齿盘结构。通过齿盘的啮合保证刀架的精度,若需要较高的重复定位及分度精度和刀架刚性,几乎所有的数控刀架都需要端齿盘[56]。现今国外有直接使用高精度平行分度凸轮进行分度,但是精度等级有待于实践验证。

综上所述,无论何种数控刀架都具有数控刀架的转位预分度系统、锁紧系统和精度保持系统,这也是数控刀架设计的"三要素"。

2.2　数控刀架核心零件

2.2.1　端齿盘

在数控刀架结构及机理上起关键作用的零件为端齿盘,又称为鼠牙盘。端齿盘是分度设备的关键部件,能够确保数控刀架等多工序自动数控机床和其他分度设备的运行精度。图2.1为端齿盘齿形加工过程。

图2.1　端齿盘齿形加工过程

端齿盘分度装置具有分度准确、重复定位精度高、能够自动定心(有固定的啮合中心)、无角位移空程、分度精度不受正反转影响、使用寿命长等其他分度装置很难具备的独特优点,在精密测角和分度领域中占有重要的地位。国外一些权威的计量机构将端齿盘分度装置(精密端齿盘分度台)作为角度的实物基准,国内也将端齿盘分度装置广泛应用于检测转台、各种分度台、圆感应同步器、多面棱体、角度块规、精密度盘和各种光学棱镜等。

图2.2为端面齿轮使用过程示意图。端齿盘分度装置的上齿盘和下齿盘啮合时,由于全部齿牙同时参与啮合定位,使端齿盘的啮合分度精度远高于齿盘的加工分度精度。端齿盘分度装置较传统的各种分度装置的精度提高了一个数量级(目

前分度精度已经达到 0.1″）。由于齿盘在任意同心圆上的齿厚和齿槽宽度相等，因此啮合时没有齿侧间隙存在，其分度精度也就不受正反转的影响。齿牙的向心性是啮合端齿盘具有固定的啮合圆中心。这也是导致端齿盘分度装置具有很高重复定位精度的主要原因之一（重复定位精度为 0.02″）。端齿盘分度装置的实用过程恰是端齿盘的对研加工过程，正确和良好地使用可以不断地改变端齿盘啮合齿面的接触精度，逐渐减小啮合分度误差，在一定范围内磨损可能不会使精度降低，这是其他分度装置所不具备的独特优点。

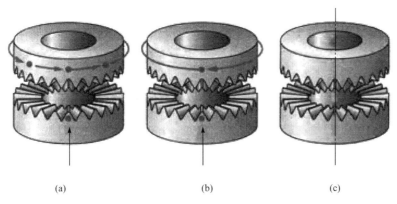

（a）　　　　　　　　　　（b）　　　　　　　　　　（c）

图 2.2　端面齿轮使用过程
端面齿：分度精度高、重复精度高、自动对中

　　端齿盘分度装置还具有结构简单与紧凑、体积小、工艺性好、易实现自动分度等特点，其在精密测角仪器、机床、伺服位置转台、专用测试设备、专用分度夹具、特殊连接器、精密圆刻线机以及其他精密圆分度装置中得到了广泛应用。端齿盘分度装置的设计、制造、使用、维护较其他分度装置简单，加工制造不需要特殊设备，这对技术改造与提高劳动生产效率和分度准确性是十分有利的。此外，端齿盘分度装置还具有承载能力强、刚性好、分度速度快、操作简单、使用方便、对环境要求不高、价格低廉等优点，近年来在精密机械加工中的应用日益广泛[57,58]。端齿盘分度装置的上齿盘和下齿盘啮合时，齿牙彼此相嵌，接触面积大，犹如一个整体。当齿盘刚度足够时，可以承受很大的载荷和机械加工中的切削力，特别是鼓形齿端齿盘分度装置的刚性更好。

　　目前，我国的端齿盘加工技术已经接近国际先进水平，端齿盘细分度的研究不断深入和完善，已经能够生产 360 齿、391 齿、420 齿、421 齿、720 齿、1440 齿等系列精密端齿盘分度台，最高分度精度达到 0.1″（±0.05″）。磨制端齿盘的研制成功，使齿形磨削工艺又有了新的突破。随着航空工业和数控机床的发展，鼓形齿端齿盘必然得到广泛应用和迅速发展[59,60]。

2.2.2　端齿盘的精度指标

端齿盘的精度技术与要求目前尚无统一的标准,可以根据不同的使用要求予以决定。端齿盘的综合精度技术与要求如下[61,62]:

分度精度:一般行业认为,上齿盘和下齿盘在任意啮合位置,理论分度值与实际分度值之差的峰值。超高精度在 $\pm 1''$,高精度在 $\pm 4''$,一般精度在 $\pm 10''$ 之间。

重复定位精度:上齿盘和下齿盘在任意位置啮合,进行 10 次重复测量,取 3σ 为重复定位极限误差。超高精度在 $\pm 0.5''$,高精度在 $\pm 2''$,一般精度在 $\pm 6''$ 之间。

接触斑点:是指上齿盘和下齿盘在正常啮合的情况下,运转后工作齿面上分布的接触痕迹。接触斑点的大小在齿面展开图上用百分比来计算,即齿面上用接触痕迹面积 S_b 与齿面积 S 之比的百分数来表示,有 $(S_b/S) \times 100\%$;齿宽上用接触痕迹极点间的距离 b_j 与齿宽 b 之比,有 $(b_j/b) \times 100\%$;齿高上用接触痕迹沿齿宽上平均高度 h_m 与齿的工作高度 h' 之比,有 $(h_m/h') \times 100\%$。此检验主要控制沿齿长方向的接触精度,以保证齿轮副的传递载荷能力,降低传动噪声,延长使用寿命。

通常要求 90% 以上的齿接触良好,而且不接触的齿面不允许相邻。对于高精度齿盘,要求全部齿面均接触。用于连接器的端齿盘要求齿高方向接触必须充分,齿宽方向不高于 50%,不允许相邻齿面同时没有接触。

基准圆的径向圆跳动(常称径向跳动、径向偏摆):是指基准圆相对啮合圆的径向圆跳动量,其中包括了基准圆与啮合圆的同轴度误差、啮合圆和基准圆的圆度误差。所谓基准圆是指作为工艺基准、使用基准、安装基准的内、外圆柱面。

啮合圆:是指上齿盘和下齿盘在各个位置啮合时所形成的一个假想圆,该圆起自动定心定位的作用。啮合圆的中心称为啮合中心,啮合圆所处的平面称为啮合圆平面。

基准平面的端面圆跳动(常称为轴向跳动、轴向偏摆):是指基准平面相对啮合圆平面的跳动量,其中包括基准平面与啮合圆平面的平行度误差、基准平面和啮合圆平面的平面度误差。径向圆跳动和端面圆跳动可以用格里森检查仪测量。

基准平面:指作为工艺基准、使用基准、安装基准的平面。基准圆的径向圆跳动和基准平面的端面圆跳动,一般超高精度不高于 $3\mu m$,高精度不高于 $10\mu m$,一般精度大于 $10\mu m$。

虽然上齿盘和下齿盘齿圈的内径 d_i 和外径 d 的大小没有公差要求,但要求同一副齿盘的直径大小对应相等,否则对研时产生圆台肩,影响啮合精度。由于内径在机加工时测量比较困难,因此不能要求太高,一般为不高于 0.01mm。

2.2.3　端齿盘材料选用与热处理要求

端齿盘属精密零件,对变形要求很严格。为了防止变形,设计时应选用合适的材料,并根据不同的材料确定热处理要求[63,64]。

精密齿盘的材料应具有高的耐磨性、稳定性及抗冲击性,以保证使用过程中变形和磨损最小,碰撞时不致损坏,同时,工艺性和经济性好。能满足上述要求,并常被采用的材料有轴承钢 GCr15,合金工具钢 CrWMn,调质结构钢 40Cr、45,表面硬化钢 20Cr、20CrMnTi、38CrMoAlA,球墨铸铁 QT60-2 等。

齿盘热处理的目的是:改善材料的加工性能,稳定组织,提高齿面硬度。齿面硬度、耐磨性以及抗锈蚀能力对齿盘的使用性能、寿命、工艺性都有着直接的影响。

根据齿面的硬度,齿盘可分为硬齿齿盘和软齿齿盘两种。硬齿齿盘齿面硬度高(在 HRC50 以上),因此耐磨性好,能承受冲击力、切削力和振动,结构稳定可靠。合金工具钢 CrWMn 中含有较多的合金元素,淬透性好,热处理时变形小;如果处理好硬度的稳定性,在长期使用中变形小;一般整体淬火后进行低温回火和冰冷处理;热处理比较简单,但对热处理后的机械加工是十分不利的。对于表面硬化钢,虽然热处理比较麻烦,但是可加工性好。它既能得到高的齿面硬度,又便于加工,因此美国、日本对用于机床分度装置的齿盘,推荐采用渗碳钢。经氮化处理的齿面,不但硬度高、耐磨性好,而且防锈蚀能力强。

软齿齿盘一般采用 40Cr、45 钢经调质处理(HRC25～31),也可以只进行人工时效,不作其他热处理。由于不进行淬火处理,其内应力小、变形小,最主要的是齿盘可加工性好;由于齿面硬度低,很容易碰伤,耐磨性比较差,防锈蚀能力也不理想。

用于测量的端齿盘,齿面硬度为 HRC45～50。用于机床分度定位及负荷较大的端齿盘,其齿面硬度在 HRC58 以上。一般刚性齿端齿盘选用 CrWMn、38CrMoAlA、20Cr、20CrMnTi、40Cr、GCr15,弹性齿端齿盘选用 40Cr 和 45。

提高齿面硬度的主要目的是为了提高齿面耐磨性及防止碰伤。实际上,上齿盘和下齿盘的对研过程不影响端齿盘齿面正常均匀磨损和端齿盘的分度准确性,这也是端齿盘独特优点之一。因此,软齿和硬齿的磨损和精度的对应关系以及使用寿命的差别还有待进一步研究。

2.2.4　端面齿受力计算

端面齿的受力状况决定端齿盘的使用寿命与传动精度,端面齿的受力计算为端面齿副的优化设计奠定了基础。

图 2.3、图 2.4 中,F_u 表示端面齿轮的切向力,F_a 表示端面齿轮的轴向力,F_n 表示端面齿轮的法向力。在实际设计制造过程中,必须使用尺寸适合的预紧力拉紧装置吸收轴向作用力,常用的拉紧装置有碟簧、液压缸,在特殊情况下也有使用螺栓进行预紧的。端面齿轮的切向力 F_u、端面齿轮的轴向力 F_a、端面齿轮的法向力

F_n以及所需的预紧力 F_{va} 的计算公式如下：

$$F_u = \frac{4T}{D+d} \tag{2.1}$$

$$F_a = F_u \tan 30° \tag{2.2}$$

$$F_n = \frac{F_u}{\cos 30°} \tag{2.3}$$

$$F_{va} = \nu F_a \tag{2.4}$$

式中，T 为传递的力矩；D 为齿外径；d 为齿内径；ν 为安全系数（通常取值为 $\nu = 1.8 \sim 3.0$）。可见切向力 F_u 与传递的力矩 T 成正比。

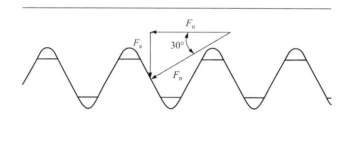

图 2.3　端面齿受力图

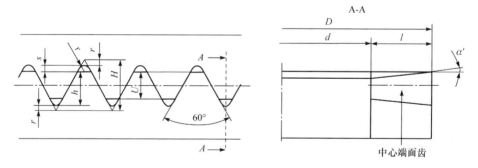

图 2.4　端面齿分析图

在工程实际设计中，应该抛弃安全系数的概念和相应的估计方法，建立在概率统计理论基础上的可靠性设计（又称为概率设计）的概念和理论方法。可靠性设计方法的明显好处在于给出了产品可靠程性的数量概念。机械产品的可靠性设计与传统安全系数设计的关联如表 2.1 所示。

表 2.1　机械产品的可靠性设计与传统安全系数设计的关联

项目	安全系数	可靠性	关联
目标	利用工程设计经验,使产品尽可能安全可靠	保证产品满足给定的可靠性指标,不仅直接反映产品各组成部分的质量,而且还影响到整个产品性能的优劣	"安全系数"包含一些无法定量表示的影响因素,是凭经验确定的数值,量值的选取具有不确定性和盲目性,并且不能回答所设计产品的安全可靠裕度大小的问题
内容	①在设计中凭经验引入一个大于 1 的安全系数量值②机械产品在承受外载荷后,计算得到的最大应力要小于材料的许用应力	①结合可靠性试验和故障数据的统计分析,提供可靠性分析与设计的数学力学模型和方法及实践②根据概率统计等数学力学理论与方法,计算产品的可靠度量值和根据指定的可靠度量值设计产品的参数等	"安全系数"法忽略了设计变量的随机性,无法考虑设计变量的方差等因素的对可靠性的影响。以应力和强度的特征量为例加以说明:①当应力和强度的标准差不变时,提高平均安全系数,就会提高设计对象的可靠度;②当应力和强度的均值不变时,缩小应力和强度的离散性,即降低它们的标准差,就会提高设计对象的可靠度。可靠度量值与设计变量的均值、方差等统计量密切相关,而且可靠度对这些统计量非常敏感
工具	常规数学分析理论等	除常规数学分析理论以外,还应用概率统计理论等	在实际工程设计中,应该扬弃安全系数概念和估计方法,而代之以建立在概率统计基础上的概率可靠性分析与设计方法

最大表面压力 P_{max} 计算公式如下:

$$P_{max}=\frac{F_{va}+F_a}{A_z} \tag{2.5}$$

其中有效齿面面积 A_z 表示为

$$A_z=\left(D-d-\frac{nd_L^2}{D+d}\right)\left[\frac{\pi}{4}(D+d)-1.155z(r+s)\right]\eta_z \tag{2.6}$$

式中,n 为端面齿表面的螺栓数;d_L 为固定孔直径;z 为齿数;r 为齿根半径;s 为齿顶间隙;η_z 为承载百分比[65]。

端面齿与渐开线齿的计算方法不同。当端面齿啮合在一起时,如果预紧力 F_{va} 足够大,端面齿会相互支撑,这意味着端面齿不易弯曲损坏。

端面齿轮几何参数,如齿数 z 和理论齿高 H 取决于齿外径 D,齿长 l 的参考值为

$$l=\frac{D-d}{2}=bD \tag{2.7}$$

其中系数 $b=0.05\sim0.3$。

用于计算实际齿高 h 的公式为

$$h=cD-2(2r+s) \tag{2.8}$$

其中系数 $c=0.003\sim0.234$。

公式基本参数含义与公式基本参数参考值如表 2.2~表 2.4 所示。

表 2.2　端面齿计算基本参数含义

参数	参数含义
A_z	有效齿面面积
b	系数
c	系数
D	齿外径
d	齿内经
d_L	固定孔直径
F_a	轴向力
F_u	切向力
F_{va}	预紧力
h	实际齿高
l	齿宽
T	传递的力矩
n	端面齿表面的螺栓数
P_{max}	最大表面压力
r	齿根半径
s	齿顶间隙
z	齿数
v	安全系数
η_z	承载百分比(铣削为 0.65,磨削为 0.75)

表 2.3　端面齿齿顶间隙参数取值

齿根半径 r/mm	齿顶间隙 s/mm
0.3	0.4
0.6	0.6
1.0	1.0
1.6	1.6
2.5	2.5

表 2.4　端面齿参数 c 取值

齿数 z	参数 c
12	0.234
24	0.114
36	0.075
48	0.056
60	0.045
72	0.037
96	0.028
120	0.022
144	0.018
180	0.015
240	0.011
288	0.009
360	0.007
720	0.003

2.3　数控刀架精度检测

2.3.1　刀架几何精度检测

刀架几何精度一般是指刀架在机床主机上体现的辅助切削加工精度项,主要指刀架在锁紧状态即待切削状态指标,主要有刀架与安装刀盘的基准面、孔位置精度、与机床安装的基准平面与刀盘安装面的位置精度[66~69]。

1. 定心轴颈的径向跳动

检测标准:固定指示器的测头垂直触及轴颈 a、b 处表面,旋转轴颈进行检验。误差为指示器在各工位读数的最大差值,如图 2.5 所示。a、b 误差分别计算。合格标准为误差不高于 ± 0.02mm。

2. 轴肩支承面的端面跳动

检测标准:固定指示器的测头垂直触及轴肩支承面边缘 c、d 处,旋转轴肩支承面进行检验。误差为指示器在各工位读数的最大差值,如图 2.6 所示。对 c、d 误差分别进行计算,合格标准为误差不高于 ± 0.02mm。

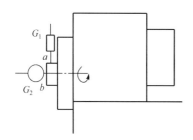

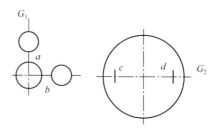

图 2.5　定心轴颈的径向跳动检测　　　图 2.6　轴肩支承面的端面跳动检测

3. 轴肩支承面对刀架底面的垂直度

检测标准:刀架通过垫板置于检验平板上,在专用表座上固定两个指示器,且

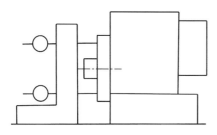

以直角尺为标准器将指示器指数调零;然后使指示器测头于轴肩上、下边缘处垂直触及支承面,记取两指示器的读数差值,每个工位均作上述检测,如图 2.7 所示。误差为各工位读数差的最大值,其合格标准为误差不高于±0.015/100。

图 2.7　轴肩支承面对刀架
底面的垂直度检测

4. 重复定位误差

检测标准:基准盘固定安装在刀盘的定位轴颈和轴肩支承面上,又在离一定距离处安置角度检查仪,调整基准盘对准角度检查仪标线确定零位,每旋转一周记取一次读数,正、反方向各五次重复检验(单向转动的刀架只旋转一个方向),得到该工位检查仪读数的最大差值。各工位分别进行上述检验,如图 2.8 所示。误差为各工位最大差值中的最大值,其合格标准为误差不高于±2″。

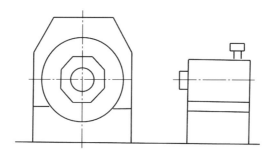

图 2.8　重复定位误差检测

5. 工具孔轴线在工作位置的最大偏移

检测标准:固定指示器的测头垂直触及紧密插入刀盘工具孔中的检验棒表面 a、b 处,记取指示器读数,以任意一工具孔为零位,依次得到其余工具孔对零位工具孔的示值差,计算每一工具孔偏移。误差为全部工具孔偏移值的最大值,如图 2.9 所示。最大偏移值应保证以任选工具孔位为零位的示值均是最大值。合格标准为误差在 ± 0.03 mm 之间。

6. 工具孔轴线在工作位置的平行度

指示器的测头垂直触及紧密插入工具孔中检验棒表面 a 和 b 处,且以任一工具孔插棒 b 表面来调整刀架与平板基准槽平行,然后沿平板和基准槽移动指示器检验各工具孔插棒表面。在 a 处沿检棒测得垂直平面内的平行度误差,在 b 处测得水平平面内平行度误差。误差为各工具孔检测读数差中的最大差值,a、b 误差分别计算如图 2.10 所示。合格标准为 a 和 b 误差在 ± 0.02 mm 范围内。

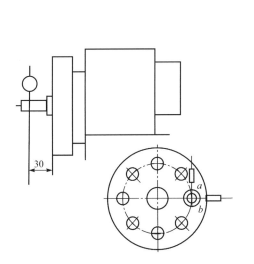

图 2.9　工具孔轴线在工作位置的
最大偏移检测(单位:mm)

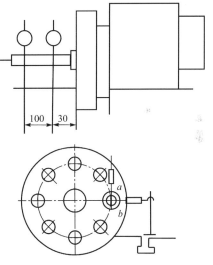

图 2.10　工具孔轴线在工作位置的
平行度检测(单位:mm)

2.3.2　刀架刚性检测

刀架刚性体现刀架在机床进行切削加工时抗受力变形的能力,根据机床切削力反应到刀架的弹性变形及稳定状态来设置检测项。以国外某厂家的卧式车床配置卧式刀架为例加以说明,卧式刀架所受的力主要有径向吃刀力、轴向吃刀力、反向吃刀力和端面吃刀力[70,71],分别绘制刀架的受力图和刀架的示意图。

（1）径向吃刀力 F_1，图 2.11 为刀架径向吃刀力的曲线。

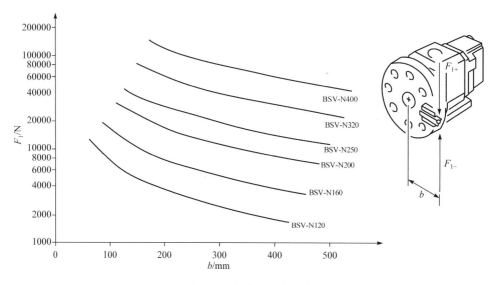

图 2.11　径向吃刀力曲线

（2）轴向吃刀力 F_2，图 2.12 为刀架轴向吃刀力曲线。

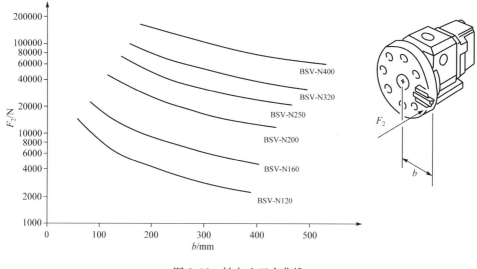

图 2.12　轴向吃刀力曲线

（3）反向吃刀力 F_3，图 2.13 为刀架反向吃刀力曲线。

（4）端向吃刀力 F_4，图 2.14 为刀架轴向吃刀力曲线。

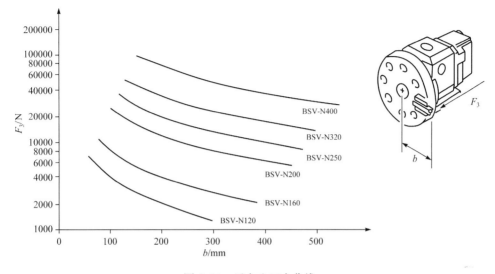

图 2.13 反向吃刀力曲线

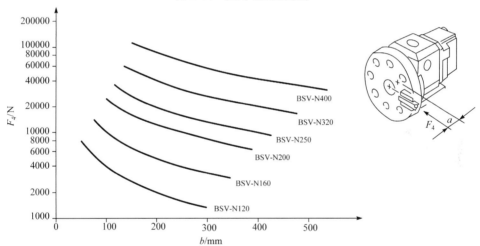

图 2.14 端向吃刀力曲线

如表 2.5 所示,一般刀架受力导致的弹性变形在行业内有经验的合格指标。值得注意的是,在刀架停止受力时刀架弹性变形达到 0.005mm 以下为合格标准,优质刀架弹性变形会恢复到 0。

表 2.5 刀架变形合格标准

刀架型号	最大弹性变形/mm	中心点到测量距离/mm
120	0.05	140
160	0.07	170

刀架型号	最大弹性变形/mm	中心点到测量距离/mm
200	0.08	220
250	0.14	270
320	0.12	330
400	0.16	350

第3章 数控刀架的应用

3.1 经济型数控刀架的应用

经济型数控机床是指具有针对性加工功能但性能水平较低且价格低廉的数控机床,其中经济型数控车床占比例较大。目前我国经济型数控车床产销量规模很大,每年在7万台以上,而每台经济型数控车床至少配置一台刀架,受机床整体成本控制,刀架成本要求较低,因此经济型数控车床就应该配置经济型数控刀架。图3.1为经济型数控机床。

图3.1 经济型数控机床

1) 立式经济型数控刀架的应用

以沈阳机床厂生产的CAK6150数控车床配置的经济型数控刀架为例加以介绍。该数控机床可以实现轴类、盘类零件的内外表面、锥面、圆弧、螺纹、镗孔和铰孔等加工。

配置刀架的特点:机床为水平床身,对数控刀架主要需求是动力输入,以电动方式为主,部分数控机床还使用普通车床,用手动刀架,如四工位四方刀架,刀具为两个螺纹拧紧方式。这种机床对刀架的需求是刀架刚性较好,4到6工位即可满足用户一般工件加工的工序要求。机床所配置的刀架一般多为外部冷却管直接冷却,车削里孔时需要刀架内部冷却,即刀台部有冷却嘴,刀架转到相应工位时,冷却液从冷却水管喷出实现冷却。

2) 卧式经济型数控刀架

卧式经济型数控刀架有着较为广泛的应用,以沈阳生产的CAK6180数控车床配置经济型数控刀架为例加以介绍。该机床可进行机械零件的粗、精加工,结构可靠、操作方便、经济实用,特别适合对回转体零件进行高效、大批量、高精度的加工。该系列数控车床也适用于中小批量的轴类、盘类零件的内外圆柱表面、锥面、螺纹、钻孔、铰孔及曲线回转体等的车削加工。其加工精度可达 IT7,被加工工件的表面粗糙度 R_a 可达 1.6。机床采用机电一体化结构,整体布局紧凑合理,便于维修和保养,具有高转速、高精度、高刚性的特点。

　　配置刀架的特点:选用的是卧式 6 工位电动刀架,单向选刀,一般为 6 工位配置,每工位转位时间可达 1.7s,刀架重复定位精度可达±2s,选用该种刀架,刀位数增加两把,可以满足一般的粗加工和半精加工要求,比用立式刀架在加工精度和效率上都有明显优势。图 3.2 为卧式经济型数控机床。

图 3.2　CAK80285C 卧式经济型数控机床

3.2　普及型数控刀架的应用

　　HTC1635 数控车床是为了适应市场对小规格数控产品的需求开发设计的,如图 3.3 所示。床身为 45°斜床身,床身刚性高、集屑、排屑性能好。这台数控车床

图 3.3　HTC1635 数控车床

使沈阳机床厂的 CKS 系列产品最小规格扩展到加工直径为 60mm。HTC1635 数控车床是一台高精度、高速度的小规格产品,该机床可以加工各种轴类、盘类零件,可以车削各种螺纹、圆弧、圆锥及回转体的内外曲面,能够满足黑色金属高速切削及有色金属切削速度的需求。设计中对主轴、床身尾座等部件的刚度进行合理匹配,提高了整机的刚性,确保了高速运转时的稳定性。作为通用型机床,特别适合汽车、摩托车行业以及电子、航天、军工等行业,可以对旋转体类零件进行高效、大批量、高精度加工。HTC1635 数控车床采用机、电、液一体化结构,整体布局紧凑合理,便于维修和保养,具有高转速、高精度、高刚性的特点。整机采用封闭式全防护结构,具有双层固定罩,更利于防水,外形符合人机工程学的原理,宜人性好,且便于操作。

　　HTC1635 数控车床配置的刀架特点为:该机床属于典型的普及型全机数控车床,对刀架的要求比经济型车床要高很多,对刀架的工作精度、刚性及转位速度都有严格的要求,同时这种机床的控制系统功能更强劲,液压卡盘(即液压系统)均为标准配置,能够满足刀架对液压源的需求。因此普及型数控车床的配置刀架有较多的选择,但典型的要求是可以双向就近选刀,工位数大多为 8 或者 12,转位速度较快,刀架的锁紧力较大,刀架的刚性较好,一般在机床上多为卧式刀架配置槽式刀盘,通过安装刀夹座夹刀。图 3.4 为全机数控机床。图 3.5 为普及型数控机床。

图 3.4　全机数控车床

　　图 3.6 为计算机模块化数控机床。计算机模块化数控机床采用机床计算机模块化设计,配置先进的 FANUC-0i 系统以实现自动控制。立式数控车床采用一次装夹的方式,可以实现复杂零件的大部或全部加工要求,特别适合于多品种、中小批量的加工特点,是汽车行业、工程机械行业零件加工的选择设备。主轴箱结构采用悬挂对称式布置,并与底座分离,便于安装和维修,减少热变形对机床精度的影响。X 轴、Z 轴的布局采用 X 轴在下、Z 轴在上,Z 轴运动部件质量小、运动惯量小、运行平稳,并配有光栅尺,可以实现闭环控制。X 轴、Z 轴滚珠丝杠采用预拉伸

结构,精密的角接触滚珠轴承支承,刚性好、精度高。X 轴、Z 轴导轨副采用贴塑工艺,大大降低摩擦系数,有效地提高了快移速度和精度保持性。8 工位转塔刀架采用端齿盘定位,电动转位,转位时间 0.7″,可根据用户要求组成单轴双刀架、双轴双刀架等形式的立式 CNC 车床。

图 3.5　普及型数控车床

图 3.6　计算机模块化数控机床

　　图 3.7 为大型动梁、定梁数控立式车床。该系列数控车床特别适合于汽车、摩托车、航天、军工、石油等行业对回旋体的圆柱面、圆弧面、圆锥面、端面、切槽以及各种公、英制螺纹等进行批量、高效、高精度的自动加工。

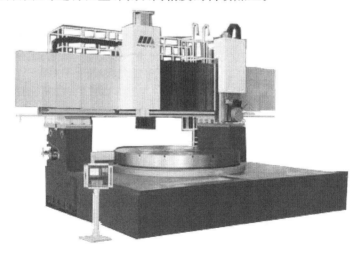
图 3.7　大型动梁、定梁数控立式车床

3.3　高档数控刀架的应用

复合加工是国际机械加工领域内最流行的加工工艺之一,是在一台机床上实现几种不同的加工工艺(如车、铣、钻、镗、攻丝、铰孔、扩孔等),是一种先进的制造技术。目前复合加工技术应用广泛,但难度大。代表性的复合加工为车铣复合加工,车铣复合加工中心相当于一台数控车床和一台加工中心的复合。图 3.8 为一款高档数控机床。

图 3.8　高档数控机床

经济型车铣复合加工中心只是把数控车床的普通转塔刀架换成带动力刀具的转塔刀架,主轴增加 C 轴功能。由于转塔刀架结构、外形尺寸的限制,动力头的功率小,转速不快,也不能安装较大的刀具。这样的车削中心以车削加工为主,铣削与钻削功能只是作为一些辅助加工功能。动力刀架造价昂贵致使车削中心的成本居高不下。经济型车铣复合加工中心大多都有 X 轴、Z 轴、C 轴,就是在卡盘上增加了一个旋转的 C 轴,可实现基本的铣削功能。

比较常规数控加工工艺,复合加工的突出优势主要表现在以下几个方面:

(1)缩短了产品制造工艺链,提高了生产效率。车铣复合加工可以实现一次装卡完成大部分或全部的加工工序,从而大大缩短产品制造工艺链。这样一方面减少了由改变装卡导致的生产辅助时间,同时也减少了工装卡具制造周期和等待时间,能够显著提高生产效率[72]。

(2)减少了装卡次数,提高了加工精度。首先,装卡次数的减少避免了由于定位基准转化而导致的误差积累。另外,目前的车铣复合加工设备基本具有在线检测功能,可以实现制造过程中的在位检测、关键数据提取和精度控制,从而保证了产品的加工精度。

(3)减少了占地面积,降低了生产成本。虽然车铣复合加工设备的价格比较高,但由于制造工艺链的缩短和产品所需加工设备的减少,以及工装夹具数量、车间占地面积和设备维护费用的减少,能够有效降低总体固定资产的投资、制造运作和生产管理的成本。

图 3.9 为双主轴数控机床。图 3.10 为五轴联动数控机床。图 3.11 为沈阳机床厂生产的 HTM125 系列五轴联动车铣中心。五轴联动数控机床具有重型机床的承载能力,主要用于电机转子、汽轮机转子、轧辊、曲轴等精度高、工序多、形状复杂的回转体的机械加工。该系列机床可用于中小批量、多品种的加工生产,可节省工艺装备,缩短生产准备周期,保证零件加工质量,提高生产效率。HTM125 系列五轴联动车铣中心的底座采用高强度铸铁铸造,整体箱式结构;床身后面装有进口齿条,用于立柱的驱动;床头箱润滑采用恒温润滑,前轴承外部配有油冷却循环装置;主电机选用交流伺服电机;立柱采用侧挂式结构。

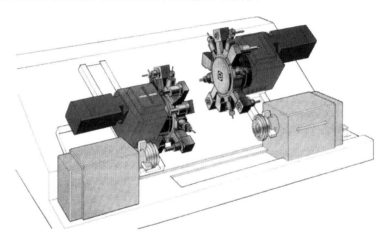

图 3.9　双主轴数控机床

HTM63150卧式复合机床

图 3.10　五轴联动数控机床

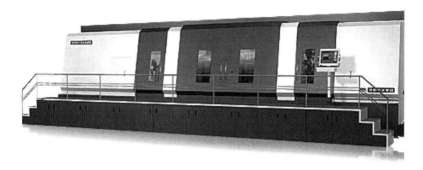

图 3.11　HTM125 系列五轴联动车铣中心

第4章 数控刀架的典型结构

4.1 高速动力刀架结构

图 4.1 为一种典型的动力刀架结构[73]，该刀架具有较高的转位速度和动力切削速度，适用于车床和加工中心进行车削、钻孔、铣削等加工，刀盘上可安装一组装配固定刀具的固定刀座和旋转刀具的动力刀座。刀架携带一台电机，通过各自不同的传动机构驱动刀具旋转和刀盘转位。还有一个装置用来协调电机的动力铣削系统和传动系统的连接，并同时与刀盘锁紧与脱开机构配合。编码器通过机械连接装置与驱动轴相连，便于测量刀盘在两个连续刀具之间的转角。

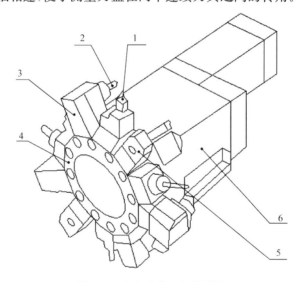

图 4.1 高速动力刀架外形图

1-固定刀具；2-动力刀具；3-动力刀座；4-旋转刀盘；5-固定刀座；6-刀架箱体

动力刀具的驱动装置包括刀具驱动轴、电机、第一机械传动装置和第二机械传动装置。第二机械传动装置包括驱动轴连接装置、第一机械传动装置和第二机械传动装置之间动力切换的离合装置、刀盘锁紧与脱开装置、用于检测旋转刀盘位置的电气检测装置。这种刀架采用机械传动，没有死区时间，可在短时间内定位，可以在 0.2～0.3s 时间内将旋转刀具定位到工作位置。

第一和第二机械传动机构共用一台电机，用离合装置在两者之间切换动力。离合装置为一个活塞，一端靠花键与动力驱动轴相连，并可以轴向移动，第一和第二齿形件与活塞筒同轴,轴向离开一定距离。可以轴向滑移的活塞杆将活塞腔分割为第一和第二油腔。活塞上的第一齿与第一传动机构啮合,第二齿与第二传动机构啮合,所述活塞同时与刀盘锁紧脱开机构配合使用。

图 4.2 为刀架横截面简图。图 4.3 为刀具携带盘与刀架箱体锁紧脱开装置的截面示意图。图 4.1 和图 4.2 中,动力刀座包括用于驱动动力刀具的轴。当刀座位于刀架的工作位置时,通过安装在驱动轴尾端的离合器驱动轴进行运动,轴安装在端部齿轮箱内,端部齿轮箱固定在箱体上,刀盘分配旋转刀具到工作位置。

刀盘的旋转功能主要用于将刀具换到工作位置,驱动轴用于驱动旋转刀具,二者共同被电机驱动,电机为伺服电机。

旋转刀盘通过螺钉固定在过渡盘和管状套 A 上,其中管状套 A 有一个轴向空心轴。过渡盘上有端面齿 A,齿盘上有和过渡盘相同的端面齿 C,过渡盘与齿盘同轴安装,齿盘通过螺钉固定在刀架箱体上。

管状套 A 与锁紧齿盘同轴安装,锁紧齿盘上有端面齿 B,端面齿 B 与端面齿 A 和 C 相对安装。锁紧齿盘可与管状套 A 在轴向产生相对位移,在状态一时,端面齿 B 同时与端面齿 A 和 C 啮合;在缩回的状态二时,端面齿 B 与端面齿 A 和 C 脱离啮合。

在上述的状态一时,刀盘被锁紧在过渡盘上,并将刀具定位在工作位置上;在状态二时,刀盘可以自由转动,用于换刀。

锁紧齿盘的位移是通过液压驱动实现的。锁紧齿盘与受力壁(如图 4.3)构成液压缸。锁紧齿盘的边缘有轴套 B,轴套 B 与管状套 A 同轴。轴套 B 需要插入密封圈(图中未画出),并需要提供液压油流入油路和液压油流出油路。

齿轮 A 通过键 A 固定在管状套 A 上,齿轮 A 与轴 E 上的小齿轮啮合传动,并最终通过齿轮 C 和 F 驱动。后端的齿轮 F 通过齿形带与轴 D 上的齿轮 B 连接,采用齿形带可以防止滑动。轴 D 上有电气设备,电气设备包括编码器,尤其为步进编码器,编码器安装在箱体上。

上述齿轮 A 为第一驱动装置,主要用于驱动刀盘旋转,将刀具换刀到工作位置。编码器通过齿形带与齿轮相连,用于检测刀盘的旋转位置。用编码器测量刀盘转位的时候,需要将齿轮 B 和 F 的传动比考虑在内。编码器的检测信号直接反映了刀盘的实际工作位置。

第二传动装置包括旋转刀具、刀具驱动轴、一对相互啮合的锥齿轮 A 和 B,与管状套 A 同轴放置的轴 C、空心轴、齿轮 D、键 B、齿轮 E、轴 F(未画出)如图 4.2 所示。

刀具驱动轴上的离合结构如下:通过花键联轴器将电机轴 G 与管状套 B 连接,轴 G 可以旋转同时也可以轴向移动。管状套 B 上有第一齿轮和第二齿轮同轴心放置,第二齿轮位置如图 4.2 所示,第二齿轮与齿轮 E 相互啮合,以此方式将动力通过第二传动装置传递给动力刀具。

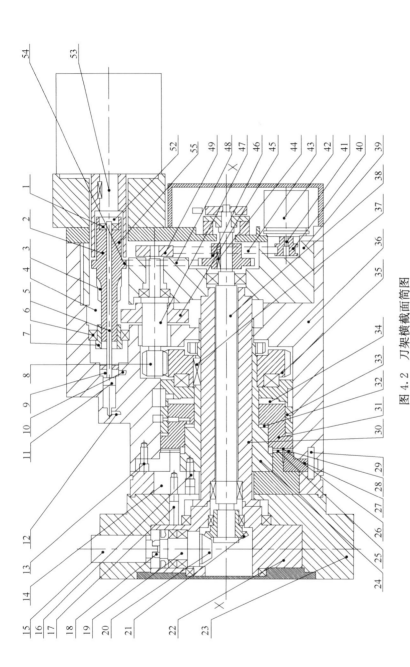

图 4.2 刀架横截面简图

1-轴承 A;2-花键联轴器;3-第一齿轮;4-箱体;5-轴 A;6-轴承 B;7-轴套 A;8-小齿轮;9-液压缸;10-液压油入口 A;11-活塞;12-液压油入口 B;13-螺钉;14-过渡盘;15-轴 B;16-螺钉;17-螺钉;18-离合器;19-刀具驱动轴;20-锥齿轮 A;21-锥齿轮 B;22-端部齿轮箱;23-刀盘;24-管状套 B;25-端面齿 A;26-端面齿 B;27-齿盘;28-端面齿 C;30-空心轴;31-锁紧齿盘;32-油腔 A;33-轴套 B;34-油腔;35-齿轮 A;36-箱体;37-齿轮 C;39-箱体壁;40-齿轮 D;41-轴 D;42-编码器;43-齿形带;44-键 B;45-齿轮 B;46-齿轮 D;47-轴 E;48-齿轮 E;49-齿轮 F;52-盘;53-轴 G;54-第二齿轮;55-管状套 B

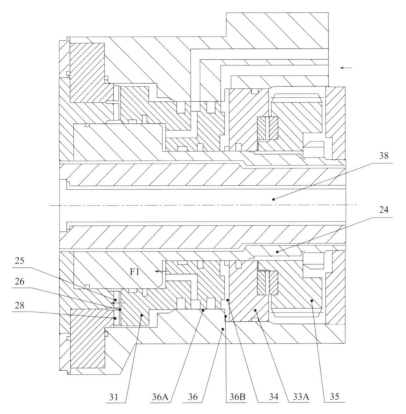

图 4.3 刀具携带盘与刀架箱体锁紧脱开装置的截面图

24-管状套 A;25-端面齿 A;26-端面齿 B;28-端面齿 C;31-锁紧齿盘;33A-受力壁;34-油腔 B;
35-齿轮 A;36-箱体;38-轴 C;36A-箱体管壁;36B-轴肩

第一齿轮与齿轮 C 相互啮合。管状套 B 与轴 A 同轴安装,并随轴 A 旋转。轴 A 通过轴承 A 连接在管状套 B 的一端。轴 A 的另一端连有活塞,活塞通过液压缸安装在箱体内。管状套 B 的末端通过轴套 A 和轴承 B 支撑在箱体上。

将液压油路与液压缸相连,并与锁紧齿盘上的油腔 A 和 B 相连,锁紧齿盘用于锁紧松开刀盘。当液压油通入油腔 B,刀盘被锁紧,如图 4.2 所示。液压油同时作用于液压缸内部的活塞上,管状套 B 朝右侧移动如图 4.3 所示,第二齿轮与齿轮 E 啮合,带动第二传动结构驱动动力刀具旋转。相反,液压油进入油腔 A,刀盘释放,液压油同时反向作用于液压缸内部的活塞上,管状件 B 向左移动,带动第一齿轮与齿轮 C 啮合,同时第二齿轮与齿轮 E 脱离啮合,此时第一传动机构驱动刀盘旋转,并同时带动编码器旋转。

该刀架结构优点为:设备的操作时间短,锁紧和松开刀盘的锁紧齿盘与驱动刀盘转位的第一齿轮和齿轮 C 同时离合,并通过编码器检测刀盘位置,省略了零点定位装置。

4.2　经济型动力刀架结构

图 4.4 为一种经济型动力刀架结构[74],这种动力刀架结构简单。刀架上有旋转刀盘,刀盘上安装有旋转刀具,旋转刀具通过内置电机驱动到工作位置。旋转刀具通过离合器、动力驱动装置与驱动电机相连。工作位置刀具与驱动轴 A、驱动轴 B 可旋转地安装在支撑件上。支撑件穿过电机,安装在静止的箱体上。

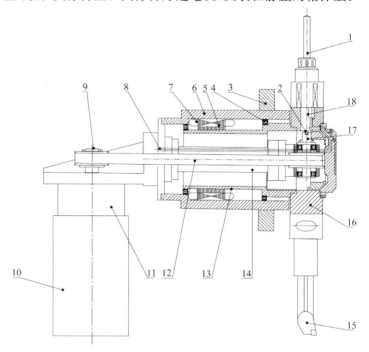

图 4.4　经济型动力刀架

1-旋转刀具;2-离合器;3-箱体;4-轴承;5-转子;6-电机;7-定子;8-冷却孔;9-旋转轴;10-驱动电机;
11-动力驱动装置;12-齿形带;13-中空轴;14-支撑件;15-刀具;16-刀盘;17-驱动轴 A;18-驱动轴 B

图 4.4 为经济型动力刀架的截面图。中空轴通过两端的轴承,可旋转地支撑在箱体内。中空轴上连接有刀盘、刀具和旋转刀具。电机通过中空轴驱动刀盘,将待选刀具驱动到工作位置。电机上有定子和转子。有线圈的定子固定在箱体上,而转子刚性地固定在中空轴上,并且可与中空轴一同转动。换刀时,刀具与离合器离合,并通过驱动轴 A 连接驱动。离合器和驱动轴 A 都安装在支撑件内,支撑件固定在箱体上。驱动电机与动力驱动装置连接驱动动力刀具。驱动电机的旋转轴与刀具的驱动轴 B 平行。采用齿型带可以保证两轴运动的同步性。由于带传动不需要润滑,该结构不需要密封。该结构的应力小于齿轮传动。该刀架结构有较大内部空间,可简化冷却和润滑结构。冷却孔从驱动轴 A 侧面经过进入刀盘,并

用来冷却刀具。

普通动力刀架常采用的结构为一对锥齿轮传动,而该种刀架采用了一种经济的带传动方式,降低了制造过程中的费用,提供了简单的驱动和润滑形式,同时带传动不需要密封,设计中采用内置电机省去了机械传动装置。

4.3 气压锁紧旋转动力刀架结构

图 4.5～图 4.9 是一种典型的车床或加工中心用的数控刀架结构[75],其特点是采用气压锁紧。该刀架包括固定箱体,刀座安装盘装配在箱体内,静止齿盘安装在箱体上,齿沿轴周向分布,旋转齿盘与静止齿盘同轴,安装在旋转轴上,当刀架锁紧时,静齿盘、旋转齿盘和锁紧齿盘啮合,锁紧齿盘可轴向移动,齿盘的齿相互脱离,刀盘松开。

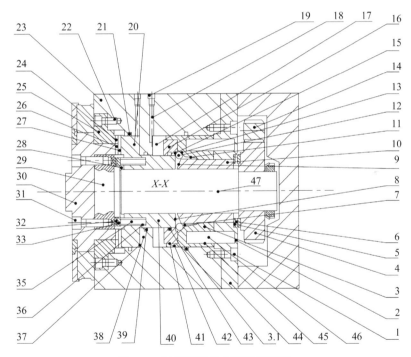

图 4.5 气压锁紧动力刀架截面图一

1-螺钉;2-盲孔 A;3-环向套;3.1-密封圈 A;4-齿轮;5-环 A;6-轴承 A;7-腔;8-锁紧齿盘外端面;9-支撑套壁;10-支撑套;11-斜锥面 A;12-球;13-斜锥面 B;14-小齿轮;15-环壁;16-环;17-环形腔;18-出气口;19-气体管路;20-径向法兰;21-径向密封圈 A;22-螺钉 A;23-固定箱体;24-齿;25-静止齿盘;26-端面齿 A;27-端面齿 B;28-轴向延伸腔;29-元件;30-旋转齿盘;31-螺钉 B;32-轴承 B;33-轴承端面;35-轴向盲孔;36-弹簧;37-气腔;38-内法兰;39-径向密封圈 B;40-锁紧齿盘;41-密封圈 B;42-环形件;43-环形腔;44-板;45-盲孔 B;46-预紧弹簧;47-轴

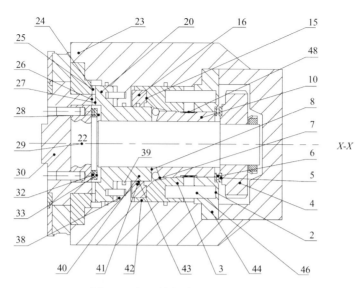

图 4.6　气压锁紧动力刀架截面图二

2-盲孔 A;3-环向套;4-齿轮;5-环 A;6-轴承 A;7-腔;8-锁紧齿盘外端面;
10-支撑套;15-环壁;16-环;20-径向法兰;23-固定箱体;24-齿;25-静止齿盘;
26-端面齿 A;27-端面齿 B;28-轴向延伸腔;29-元件;30-旋转齿盘;32-轴承 B;
33-轴承端面;38-内法兰;39-径向密封圈 B;40-锁紧齿盘;41-密封圈 B;
42-环形件;43-环形腔;44-板;46-预紧弹簧;48-键

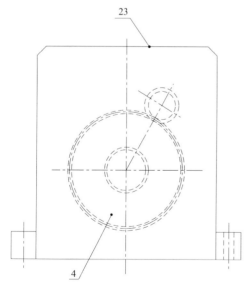

图 4.7　气压锁紧动力刀架截面图三

4-齿轮;23-固定箱体

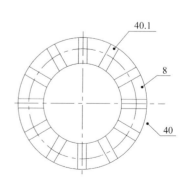

图 4.8　锁紧齿盘

8-锁紧齿盘外端面;40-锁紧齿盘;40.1-径向槽

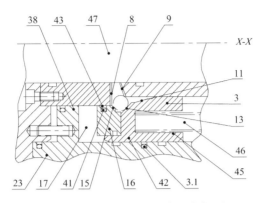

图 4.9 气压锁紧动力刀架局部视图

3-环向套;3.1-密封圈 A;8-锁紧齿盘外端面;9-支撑套壁;11-斜锥面 A;13-斜锥面 B;15-环壁;16-环;
17-环形腔;23-固定箱体;38-内法兰;41-密封圈 B;42-环形件;43-环形腔;45-盲孔 B;46-预紧弹簧;47-轴

在该种刀架结构中,静止齿盘上有齿并通过螺钉 A 固定在箱体上。刀架的固定箱体上有沿 X-X 向的轴向延伸腔,锁紧齿盘安装在轴上,轴支撑并驱动旋转齿盘,旋转齿盘和其他常规刀架一样安装有刀具。

旋转齿盘通过齿轮驱动,齿轮连接在轴上,并与小齿轮相互啮合传递动力。轴通过支撑套在端部支撑在板上,板正对齿轮,板通过螺钉固定在固定箱体上,支撑套与锁紧齿盘同轴。旋转齿盘上有端面齿 A,端面齿 A 与齿同轴。锁紧齿盘上有端面齿 B 和径向法兰。

静止齿盘、旋转齿盘和锁紧齿盘相互啮合,将旋转盘固定在固定箱体上。三个齿盘相互脱离时,刀架可驱动旋转齿盘相对箱体旋转。锁紧齿盘与轴同轴布置,处于第一位置时,端面齿 B、A 和齿啮合,锁紧刀架。处于第二位置时,端面齿 B、A 和齿脱离啮合,松开刀架。

锁紧齿盘上有一组轴向盲孔,周向分布,内部安装有弹簧。弹簧一端压紧轴向盲孔,另一端压紧轴承 B 的端面,旋转齿盘通过螺钉 B 连接在元件上。锁紧齿盘上的径向法兰安装在轴向延伸腔内,气腔安装有径向密封圈 A 和 B,用于密封箱体和箱体上的内法兰。气腔与压力气体源相连,并通过出气口排出气体。

环安装在锁紧齿盘上,与刀架 X-X 同轴,上有环形腔用于安装密封圈 B,对锁紧齿盘、套和环形件进行密封。后者用密封圈 A 密封箱体和环形件。

预紧弹簧分布在环向套和板之间,封闭在环向套和板的盲孔 B 和 A 中。环向套的内表面正对支撑套,上有两个相邻的斜锥面 A 和 B。斜锥面上放置有球,置于腔内,腔由锁紧齿盘外端面、支撑套壁和环壁构成。

当刀架脱开如图 4.5 所示,环壁与锁紧齿盘外端面共面,锁紧齿盘外端面和环壁与轴 X-X 相互垂直。锁紧齿盘外端面、支撑套壁、环向套上的斜锥面 A 和 B、球、环壁形成了一个弹簧轴向预紧放大装置。

如图 4.8 所示,锁紧齿盘上有径向槽,与锁紧齿盘外端面、支撑套壁、环壁一起用于引导球的滚动,并产生较高的压力。环形腔位于箱体的内法兰和环之间。用于与压力气体源相连,与出气口交替排气。支撑套与轴承 A 和环 A 轴向支撑,轴承 A 位于板和齿轮之间。键允许环向套相对支撑套滑动,但不能转动(图 4.6)。

图 4.5 中刀架脱开状态,当压力气体通过气体管路进入气腔,锁紧齿盘向左运动,带动端面齿 B 与齿和端面齿 A 啮合。同时弹簧压紧轴承 B 的轴承端面。由于压缩空气对径向法兰的压力,在气压相对低的时候不足以保证刀架的安全,这样就采用了推力放大结构以保证锁紧安全。

锁紧齿盘产生向左方向的反作用力,促使锁紧齿盘外端面与环壁向左运动,静止球位于腔的楔形区域内。同时,环形腔与气体管路相连,允许预紧弹簧在环和环向套间位移伸展。沿轴 X-X 周向分布的球向斜锥面 B 向位移,最后插入并保证球在邻近斜锥面 A 和锁紧齿盘外端面、支撑套壁间锁紧。斜锥面 A 相对于 X-X 的倾斜导致球的径向推力比预紧弹簧的轴向推力大,这样就约束了锁紧齿盘在锁紧位置上,端面齿 B 和齿和端面齿 A 的啮合。当气体压力降低时,刀架仍能保持锁紧状态不改变,这样就能确保刀具加工时的安全。

当刀架脱开,气体通过气体管路进入环形腔。气体压力推在环向套和环上,如图 4.5 和图 4.6 所示,环向套向右移动。向右的位移导致预紧弹簧被压缩,气体压力产生在环向套和环上足够大的推力,有足够的压力重新压缩预紧弹簧,并不需要增大刀架的尺寸来获得大的推力。环向套的位移释放连接在锁紧齿盘外端面和支撑套壁之间的球。球沿 X-X 轴径向移动,锁紧齿盘在弹簧的作用下朝右移动。端面齿 B 此时与齿和端面齿 A 分离啮合,旋转齿盘可以自由旋转实现换刀。

当刀架松开时,进入环形腔的空气首先推动环与环向套,结构如图 4.9 所示。接下来,球在锁紧齿盘外端面和支撑套壁的楔形面上释放,锁紧齿盘受弹簧的作用,进而锁紧齿盘外端面与环壁共面。

4.4　内置电机式动力刀架结构

本节介绍一种内置电机式双伺服动力刀架[76],用于车床和车铣中心,其特点是刀具驱动电机可以高效高精度地安装在刀架基体内。

图 4.10 为内置电机式动力刀架的前视图,刀架主要结构包括刀架箱体、刀盘、分度装置、内置电机、连接件、驱动电机等。图 4.11 和图 4.12 为内置电机式动力刀架的局部视图,刀架箱体安装在机床基座上,刀盘安装在刀架箱体上,刀盘上至少有一个安装动力刀具的刀座;分度传动装置利用电机将旋转刀盘上的待选刀具驱动到工作位置;内置电机在工作位置上有旋转轴,组装在刀盘上,支撑在刀架箱

体上,是铣削动力电机;连接件用于连接工作位置上夹持刀具刀座的刀座轴和电机的驱动轴;驱动电机通过箱体固定在刀架箱体上,另一个箱体后部有厚度可调的垫,垫用于调整电机相对与刀架箱体的位置。

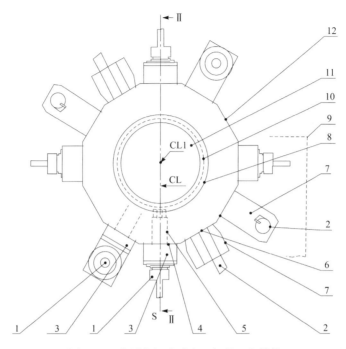

图 4.10 内置电机式动力刀架的刀盘结构

1-动力刀具;2-其他刀具;3-刀座;4-刀座面;5-径向孔;6-刀座面 A;7-其他刀座;8-刀盘同心槽;
9-机床基体;10-旋转限制装置;11-驱动电机;12-刀盘;CL-箱体轴线 1;CL1-箱体轴线 2

连接件槽为"一字形"直槽,设计在驱动轴的端部;刀具在刀盘上分度时,驱动轴的槽开口方向与刀盘的旋转平面对齐;驱动轴上有端面;连接件设置在刀座轴上;连接件上有两个相反对应面,用于在槽中滑动,连接件凸出在刀座轴的端面。两个相反对应面在伸出连接件上为倾斜的梯形面,槽的梯形槽面形状与连接件的形状相同。

刀架中有一个或多个非使用状态下的刀具,不在工作位置的刀具上的伸出部分平行定位在槽中,用于限制不使用状态下刀具的转动。刀盘分度转动将目标刀具分度到工作位置时,所有刀具上的连接件均可以不间断地自由运动通过定位槽。

电机通过大直径支撑件的大表面安装在刀具的基体上。电机的驱动轴旋转支撑在箱体上,支撑箱体固定在刀架箱体上,用于阻止驱动轴沿轴向方向移动,驱动轴的槽在连接件上可沿轴向方向移动,在工作位置上远离或者接近刀具的伸出件。

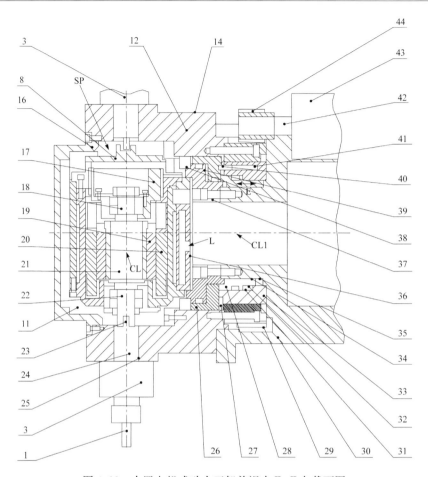

图 4.11　内置电机式动力刀架前视中Ⅱ-Ⅱ向截面图

1-动力刀具;3-刀座;8-刀盘同心槽;11-驱动电机;12-刀盘;14-刀盘表面;16-刀盘盖;17-支撑体;18-反向端面;19-转子;20-定子;21-驱动轴;22-驱动轴端部;23-连接件;24-刀座轴;25-轴承支撑体;26-第一活塞;27-连接部件;28-第二活塞;29-齿轮;30-刀架箱体;31-锁紧机构;32-油腔 A;33-油缸件;34-活塞;35-第一油缸件;36-支撑箱体;37-电机支撑件;38-油腔 B;39-结构件;40-旋转限制销;41-压缩弹簧;42-输出轴;43-分度电机;44-小齿轮;SP-刀盘腔;CL-箱体轴线 1;CL1-箱体轴线 2;L-冷却流体(水或油)

　　该种刀架有直接将电机与动力刀具相连的连接件。通过连接件的连接,刀盘上的动力刀具在分度到工作位置以后,在电机的带动下可以旋转工作加工。驱动电机安装在刀盘内,刀盘固定在刀架箱体上。刀架上有厚度可调的调整垫,改变调整垫的厚度可以调节电机和刀盘的相对位置。这样可以实现电机的高精度安装,同时简化安装过程。

　　如图 4.10~图 4.12 所示,该刀架安装有至少一个动力刀具(图中安装了 6 把动力刀具)。动力刀具可用来加工工件。刀架上有刀架箱体、刀盘、驱动电机。刀架箱体支撑在机床基体上(如床身)。刀盘安装在刀架箱体上。至少一个刀座安装在刀盘上,用于驱动刀具旋转。刀架如图 4.10 所示,其他刀座用于安装其他刀具,各个刀具安装在刀座上,并相对于刀盘径向分布。

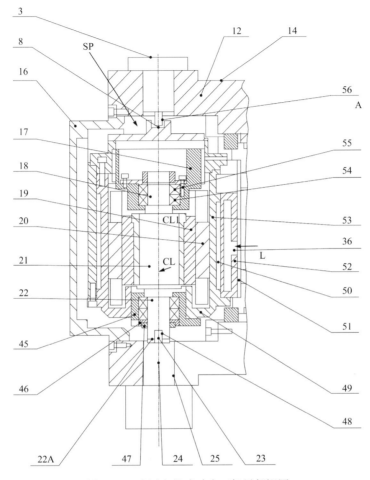

图 4.12　内置电机式动力刀架局部视图

3-刀座;8-刀盘同心槽;12-刀盘;14-刀盘表面;16-刀盘盖;17-支撑体;18-反向端面;19-转子;20-定子;21-驱动轴;22-驱动轴端部;22A-驱动轴 A 端面;23-连接件;24-刀座轴;25-轴承支撑体;25A-轴承支撑体内表面;36一支撑箱体;45-套;46-密封圈;47-端盖;48-连接件槽;49-内箱体;50-流体管路 A;51-调整垫;52-外箱体;53-流体管路 B;54-轴承 A;55-轴承 B;56-平行滑动接触面;SP-刀盘腔;CL-箱体轴线 1;CL1-箱体轴线 2;L-冷却流体(水或油)

　　分度电机安装在刀架箱体上(或者是机床基体上)。驱动电机用于驱动动力刀具,放置在刀盘的内腔内并支撑在刀架箱体上。驱动电机上的驱动轴一直指向工作位置 S。在刀架中,当动力刀具分度到工作位置 S 时,安装有动力刀具的刀座轴和驱动电机的驱动轴连接,动力刀具可以在驱动电机的驱动下旋转。

　　如图 4.12 所示,驱动轴有连接件槽。刀座的刀座轴上有连接件,每个刀座的连接件均可以插入连接件槽中。当刀盘旋转将待选刀具分度到工作位置时,刀座的刀座轴上的连接件可以分别与连接件槽连接与脱离。刀盘分度到工作位置时,待选刀具进入工作位置,连接件与连接件槽连接,先前的刀具此时离开工作位置 S,连接件从连接件槽中脱离。

当刀具准备分度到工作位置 S 时,驱动电机的驱动轴停止在连接件槽平行于刀盘的平面上。这样允许动力刀具上的伸出部分在刀盘的旋转带动下滑出连接件槽。连接件结构简单,可以快速可靠地实现刀具和驱动电机的离合功能。动力刀具分度到工作位置 S 时,驱动电机通过连接件与动力刀具相连,先前工作位置 S 上的刀具脱离连接件,与驱动电机脱开。

通过连接件直接连接在工位位置 S 处的夹持刀具的刀座的刀座轴与驱动轴,利用该传动机构将驱动电机扭矩传递给动力刀具。由于连接件没有通过传动带、锥齿轮、轴承和联轴器传递扭矩,驱动电机动力传递给刀具的过程中不会产生大量热、振动和噪声,这样就可以利用刀具对工件进行高精度加工。连接件采用相对少的零件,其结构简单、维护方便,连接件产生的振动和噪声相对较小。

驱动电机代替了锥齿轮和其他占用内部空间 SP 的传动机构。刀盘的内部空间 SP 被驱动电机充分利用,由于不需要另外在箱体上安装电机,可以使刀架更为紧凑。通过连接件同轴直接连接驱动电机的驱动轴和刀座的刀座轴,可以实现刀具的高速转动。

如图 4.12 所示,连接件槽为"一字形"直槽,设置在驱动轴的驱动轴端部。刀具分度时,连接件槽与刀盘旋转面对齐。连接件设置在刀座轴的端面上,连接件有两个平行的滑动接触面,该接触面与槽滑动配合。连接件从刀座轴的端面上轴向伸出。两个反向的滑动接触面可以是倾斜的梯形截面,连接件槽表面为与其对应的梯形截面。连接件的连接件槽也可以设置在夹持刀具的刀座轴上。

安装在刀盘上夹持刀具的刀座轴直接通过连接件与驱动电机相连。当刀盘旋转到刀具的工作位置 S 时,连接件滑入连接件槽中。当刀具完全到达工作位置时,连接件和连接件槽完全连接在一起。这样通过连接件,刀座轴和驱动轴完全连接在一起。

如上文所述,将刀具旋转分度到工作位置 S 时,连接件与连接件槽连接;刀具旋转离开工作位置 S 时,连接件与连接件槽脱离连接。刀盘分度旋转将刀具驱动到工作位置 S,以及将刀具驱动出工作位置 S,实现刀具与驱动电机连接与脱开的过程中,不需要使用传感器探测电机和刀具的离合状态。刀具和驱动电机连接过程快速可靠,而且不需要采用复杂的离合机构实现刀具和驱动电机的离合。

如图 4.10 所示,旋转限制装置在刀盘上不可转动。旋转限制装置为柱状,有与刀盘同心的槽。旋转限制装置在刀盘的腔 SP 内运动。旋转限制装置角度范围小于但接近 360°,不包括工作位置 S 区域。旋转限制装置在工作位置 S 上有连接刀具和驱动电机的连接件。

连接刀具的连接件在非工作位置 S 时,与旋转限制装置的刀盘同心槽连接,通过旋转限制装置限制刀具的旋转。非工作位置 S 上有一个或多个刀具。非工作位置 S 上连接件与刀盘同心槽端面平行地插入刀盘同心槽中,用于防止非动作状态下刀具 2 的转动。

旋转限制装置置于刀盘的内腔 SP 中,支撑在驱动电机的支撑箱体上。作为替代结构旋转限制装置也可直接支撑在刀架箱体或刀架箱体和支撑箱体上。旋转限制装置可保持刀具稳定地在刀盘上静止不动。非工作位置的刀具被刀盘同心槽限制旋转运动。当刀具准备分度到工作位置 S 时,驱动电机的驱动轴需要保证连接件槽在角度方向上与刀盘的旋转平面对齐。待选刀具进入工作位置 S,其他刀具均位于非工作位置,并被刀盘同心槽限制转动。连接件可在连接件槽中无间断穿过。

刀架的结构如图 4.10、图 4.11 所示,刀架箱体安装在机床基体上,箱体为中空结构,分度电机安装在箱体外部的预定位置。刀盘安装在箱体的一个端部,可绕箱体轴线 CL1 旋转。实例中箱体轴线 CL1 水平,实际上 CL1 可以垂直或倾斜。

刀盘为中空环形结构。刀盘基体为正多边形。一组(图中为 12 个)刀座面和刀座面 A 安装在刀盘的外周表面上。安装刀具的刀座安装在刀盘的刀座面上。动力刀具可以是钻头、铣头等。一组径向孔开口朝向刀座面,并贯穿刀盘,刀座轴穿过径向孔。可用于将非动力刀(例如车刀)的刀座安装在刀座面 A 上。

如图 4.11 所示,旋转刀盘上有刀盘盖。刀盘基体旋转安装在刀架箱体上。刀盘可以绕轴向 CL1 旋转,但不能径向移动。刀盘盖为环形,并安装在刀盘基体的开口端,用于盖住刀盘的内腔 SP。

刀盘的一端支撑在刀架箱体上(图 4.11 和图 4.12),另一端支撑在驱动电机的支撑箱体上(图 4.11 和图 4.12),刀盘可以旋转。刀盘分别通过驱动电机和刀架箱体双向支撑,可保证运动的稳定性。

如图 4.11 所示,刀架通过分度电机进行分度,分度电机安装在刀架箱体上,齿轮固定在刀盘上和锁紧机构上。小齿轮安装在分度电机的输出轴上。小齿轮与齿轮相互啮合。分度电机的驱动力矩通过输出轴、小齿轮和齿轮将动力传递给刀盘。分度电机可以使刀盘上的待选刀具旋转到工作位置 S。锁紧机构位于刀盘一侧,用于限制刀盘旋转运动。电机支撑件用于支撑驱动电机,并安装在刀架箱体的端部。电机支撑件放置于刀盘的腔内。油缸件为环形结构,安装在齿轮内部。

第一油缸件包括刀架箱体、油缸件、电机支撑件和刀盘,并形成油腔 A 和油腔 B。活塞安装在第一油缸中。刀架箱体的约束使得活塞只能沿轴线 CL1 直线运动而不能旋转。活塞包括第一活塞(安装在刀盘和电机支撑件之间)和第二活塞(位于油缸件和电机支撑件之间,图中未画出)。

连接部件(图中未画出)位于第一活塞和油缸件之间。活塞和刀盘通过连接部件彼此连接与脱开。连接部件上有径向齿轮。当连接部件连接时,刀盘被限制转动;当连接部件断开时,刀盘可以旋转。

压缩弹簧和旋转限制销装配在油缸件上。压缩弹簧安装在油缸件的孔内,旋转限制销也插入其孔中。旋转限制销可轴向移动。旋转限制销端部连接到第一活塞的凹槽中。压缩弹簧通常情况下挤压旋转限制销,并将其顶入第一活塞内,用以限制第一活塞的转动,当连接部件位于脱开连接状态下,第一活塞被限制不能进行旋转运动。

压力流体可以通入油腔 A 或 B(压力流体可以是液压流体,也可以是气压流体)。当油腔 B 通入液压油,油腔 A 与外界大气相连,活塞向图 4.11 中右侧移动,图 4.11 中第一油缸件的上半部分表示该状态。连接部件处于连接状态,刀盘不会发生转动,被定位在目标位置。

在连接部件处于连接状态下,目标刀具被定位在工作位置 S 上,此状态下可利用旋转刀具对工件进行加工。相反,如果液压油通入油腔 A,油腔 B 与大气相通,活塞向图 4.11 中左侧移动,远离油缸件,图 4.11 中第一油缸件的下半部分表示此种状态。

当连接部件松开时,刀盘可以转动,目标刀具在刀盘的旋转下可分度达到工作位置 S。驱动电机安装在电机支撑件内,并放置于内腔 SP 中。驱动电机由支撑箱体支撑在刀架箱体一侧。驱动轴安装在箱体内,可绕轴 CL 旋转。

如图 4.11 所示,驱动电机有转子安装在驱动轴上,定子安装在支撑箱体上,用于支撑转子。支撑箱体支撑在刀架箱体上。驱动电机的驱动轴支撑在箱体内,可绕 CL 轴线旋转。电机有定子安装在箱体内,有转子连接在驱动轴上,支撑体安装在支撑箱体上。定子和转子之间有径向缝隙。驱动轴旋转支撑在支撑体上。

如图 4.12 所示,箱体有外箱体,固定在电机支撑件上,内箱体位于并固定在外箱体内部。驱动轴端部旋转支撑在内箱体上,定子靠近内箱体的内表面,外箱体上有流体管路 B,内箱体上有流体管路 A。冷却流体(水或油)L 通入到流体管路 A 和 B 中,用于冷却电机,避免驱动电机的热量带来加工误差。

刀架有一个调整垫(图中未标出),改变调整垫的厚度可以调整驱动电机和刀架箱体之间的相对位置。调整垫位于支撑箱体和电机支撑件之间。调整垫与支撑箱体接触,允许支撑箱体沿中心轴 CL1 方向调整精度以及定位。

如图 4.11 所示,驱动电机安装在刀架箱体上。驱动电机在组装过程中,驱动轴的中心轴 CL 需要通过刀盘上的径向孔。在以往的刀架结构中,在刀架箱体上调整驱动电机达到轴向对齐是非常复杂的过程。通过调节刀架基体实现刀架电机在刀架箱体上的装配,过程简单容易。同时,调整垫的厚度可调,可实现驱动电机驱动轴与上述径向孔对齐。采用垫、驱动轴 A 的中心轴 CL 可以高精度地与上述径向孔对齐,以保证驱动电机在刀架箱体上的高精度安装。

如图 4.12 所示,驱动轴端部通过轴承 A 和套旋转支撑在内箱体上。套安装在内箱体的圆柱形内孔上。轴承 A 位于套的内圆周面和驱动轴之间。驱动轴有反向端面(图 4.11),通过轴承 A 旋转支撑在支撑体上。支撑体为一环形件,安装在支撑箱体上。由于支撑体固定在支撑箱体上,驱动轴不能沿 CL 轴向移动。

作为替换结构,支撑体可以采用沿轴 CL 方向移动安装在支撑箱体中的结构。如果支撑体采用移动安装方式,在连接件上驱动轴的连接件槽也可沿 CL 轴在工作位置 S 移动,接近或远离刀座轴的连接件。这样连接件槽就可以在轴 CL 方向上与连接件完全接触或完全分离。

分度到工作位置 S 时,连接件插入连接件槽中,驱动轴通过连接件、连接件槽带动夹持刀具的刀座轴旋转,然后驱动电机通电,动力通过驱动轴传递给刀座上的刀具,这样旋转刀具就可以按一定速度旋转。

为了分度选择刀具,驱动电机上的驱动轴停止旋转时,需要使得连接件槽停在一个与刀盘旋转平面平行位置的角度上。这样刀盘转动时,连接件就可以顺利通过连接件槽。并且最终使得待选刀具连接件滑入连接件槽中。

非工作位置(S 位置)上的刀具通过连接件,可以通过刀盘旋转分度。液压油流入油腔 A,锁紧机构,活塞向左移动,活塞与连接部件和刀盘脱离。

动力从分度电机通过小齿轮、齿轮传递给刀盘。刀盘带动待选刀具进入工作位置 S。连接件分度到工作位置 S,连接件的驱动轴 A 的连接件槽与连接件连接。这样旋转刀具通过驱动轴 A、刀座轴和连接件直接与电机相连。

另一方面,在锁紧机构中,液压油通入油腔 B,活塞向右移动,油缸件和连接部件相连,刀盘的运动被限制。在该状态下,驱动电机通电,驱动轴 A 转动。在连接件的带动下,刀具即可对工件进行加工。

4.5　双伺服动力刀架结构

图 4.13 为一种带离合机构的双伺服动力刀架[77]。图 4.14 为该离合机构的示意图,其中包括一个安装在刀架机身上的液压缸和一个插入在液压缸中的活塞。活塞和液压缸可以沿第一驱动轴轴向移动,离合轴安装在活塞内部,离合轴尾部有一齿轮 B;离合轴结构如下:第一驱动轴插入离合轴的中空部分,第一驱动轴和离合轴连接共同旋转,当离合轴与活塞向 B 向移动时(图 4.13),离合轴上的齿轮 B 与第三驱动轴上的齿轮 C 脱离啮合,第二驱动轴插入离合轴,离合轴与第二驱动轴连接,离合轴将动力从第一驱动轴传递给第二驱动轴;当离合轴与活塞向 A 向移动时(图 4.13),第二驱动轴从离合轴中拖出,离合轴与第二驱动轴脱离连接,离合轴上的齿轮 B 与第三驱动轴上的齿轮 C 配对啮合,离合轴将动力从第一驱动轴传递给第三驱动轴。

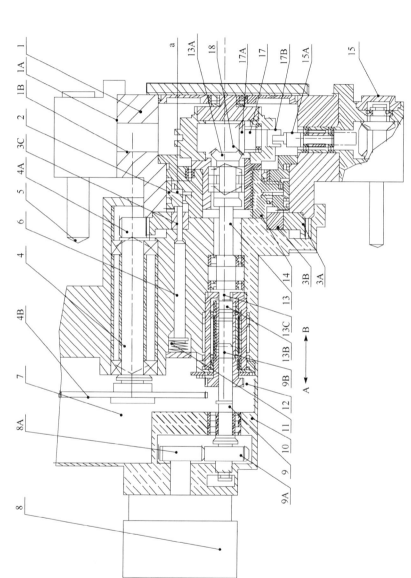

图 4.13　旋转双伺服刀架总体结构图

1-刀盘;1A-圆周方向面;1B-径向孔;2-第二端齿盘;3A-外齿盘;3B-内齿盘;3C-第一端齿盘;4-第三驱动轴;4A-齿轮 E;4B-齿轮 C;5-动力刀具;6-棒;7-刀盘分度机构;8-驱动电机;8A-齿轮 D;9-第一驱动轴;9A-齿轮 A;9B-花键轴 A;10-刀架机身;11-弹簧;12-动力离合机构;13-第二驱动轴;13A-锥齿轮 A;13B-花键轴 B;13C-锥齿轮 A;14-轴承箱体;15-刀座;15A-驱动轴 B;17A-锥齿轮 B;17B-槽;18-刀座驱动机构;a-油腔

如图 4.14 所示,液压油向 B 方向推动活塞时,离合轴上的齿轮 B 与第三驱动轴上的齿轮 C 脱离啮合,第二驱动轴与离合轴连接,离合轴将动力从第一驱动轴传递给第二驱动轴,从而驱动刀座上的动力刀具。

液压油向 A 方向推动活塞时,第二驱动轴与离合轴脱离连接,离合轴上的齿轮 B 与第三驱动轴上的齿轮 C 啮合,离合轴将将动力从第一驱动轴传递给第三驱动轴,从而驱动刀盘转位。

该种形式的动力刀架可减少传动过程中产生的驱动力损耗,具有高的传动能力,并且会降低故障的发生概率。

图 4.13 和图 4.14 中,活塞和离合轴移动到箭头 B 方向极限位置;图 4.15 为图 4.13 所示刀架第一驱动轴和第二驱动轴未插入离合轴的状态;图 4.16 为图 4.15所示刀架离合机构局部放大视图,其中活塞和离合轴移动到箭头 A 方向极限位置。

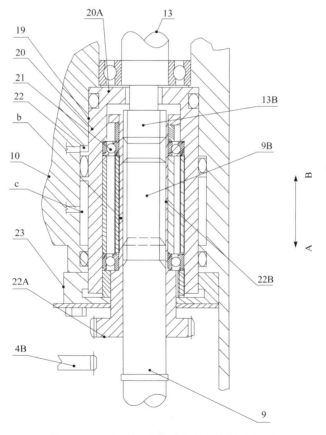

图 4.14　双伺服刀架离合机构局部放大视图

4B-齿轮 C;9-第一驱动轴;9B-花键轴 A;10-刀架机身;13-第二驱动轴;13B-花键轴 B;19-液压缸;
20-活塞;20A-花键;21-轴承;22-离合轴;22A-齿轮 B;22B-花键孔;23 制动件;c-油腔;b-油腔

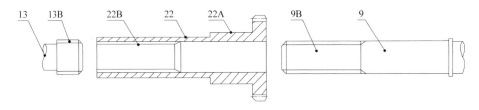

图 4.15　刀架第一驱动轴和第二驱动轴未插入离合轴

9-第一驱动轴;9B-花键轴 A;13-第二驱动轴;13B-花键轴 B;22-离合轴;22A-齿轮 B;22B-花键孔

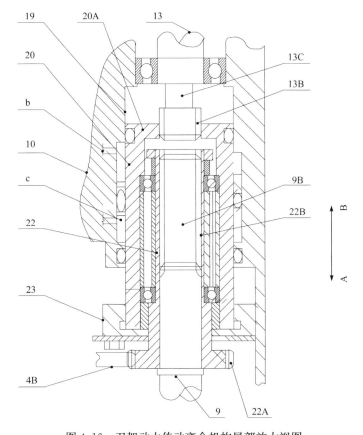

图 4.16　刀架动力传动离合机构局部放大视图

4B-齿轮 C;9-第一驱动轴;9B-花键轴 A;10-刀架机身;13-第二驱动轴;13B-花键轴 B;13C-轴颈;
19-液压缸;20-活塞;20A-花键;22-离合轴;22B-花键孔;23-制动件;b-油腔;c-油腔

刀架的具体结构如图 4.13 所示,驱动电机安装在刀架机身的尾部,传动齿轮 D 固定在驱动电机输出轴上。第一驱动轴安装在刀架机身的箱体内,通过轴承支撑,第一驱动轴上有齿轮 A,齿轮 A 与驱动电机驱动轴上的齿轮 D 相互配对啮合传动,第一驱动轴的另一端设计有花键。驱动电机输出轴输出的动力通过齿轮 D

和 A 传递给第一驱动轴。

刀座可沿圆周方向安装在刀盘的面上。刀座采用两种形式:第一种刀座用于安装固定刀具;第二种刀座用于安装动力刀具。第二种刀座结构如图 4.13 所示,有一个驱动轴 A,刀座通过刀盘周长方向面上的径向孔安装在刀盘上,通过驱动轴 A 驱动动力刀具。

刀盘分度机构包括:第三驱动轴,该轴两端分别有齿轮 C 和 E;第一端齿盘和第二端齿盘,两齿盘面对面放置;棒和弹簧,沿箭头 B 方向偏压第二端齿盘。第一端齿盘由两个组件组成:外齿盘和内齿盘,二者的齿面与第二端齿盘相对(齿面朝箭头 B 的方向)。外齿盘与刀盘相连,内齿盘与刀架机身相连,外齿盘可与内齿盘相对旋转。外齿盘的外圆周面有齿,该齿与第三驱动轴端面的齿轮 E 相互啮合。由于上述啮合关系,外齿盘由第三驱动轴驱动转动,连接在外齿盘上的刀盘与其一同相对刀架机身转动。内齿盘有通孔,棒穿过该通孔。通孔和棒以及弹簧在圆周方向上等距放置三处,第二端齿盘受箭头 B 方向的均衡合力作用。第二端齿盘的端面齿朝向第一端齿盘(齿面朝箭头 A 的方向)。第二端齿盘分别沿箭头 A-B 方向移动实现刀盘的固定和松开。在第二端齿盘和固定在刀架机身上的沿箭头 B 方向端面上的轴承箱体之间有油腔 a,液压源提供的液压油可流入该油腔。液压油流入油腔 a 时,第二端齿盘在液压油的作用下克服弹簧和棒的作用朝箭头 A 方向移动,第二端齿盘上的齿与第一端齿盘上的齿啮合在一起,将刀盘定位在刀架机身上。相反,不向油腔 a 供油时,第二端齿盘在弹簧和棒的作用下朝箭头 B 方向移动,第一端齿盘和第二端齿盘松开,刀盘可自由转动。刀座驱动机构与第一驱动轴同心,包括第二驱动轴和驱动轴 B。

第二驱动轴上箭头 A 方向的端面上加工有花键,在箭头 B 端为一锥齿轮 A。驱动轴 B 上有锥齿轮 B,锥齿轮 B 与第二驱动轴上的锥齿轮 A 配对啮合。槽与刀座的驱动轴 A 可相互连接。当第二驱动轴旋转时,驱动轴 B 被第二驱动轴上的锥齿轮 A 和锥齿轮 B 驱动旋转。刀座上的驱动轴 A 与槽连接,并在槽驱动下一同旋转。

离合机构如图 4.14 所示,包括:液压缸,安装在刀架机身内部;活塞为中空结构,插入液压缸中;可旋转的中空离合轴,通过轴承支撑在中空活塞上。图 4.16 为离合机构的详细截面图。活塞中有起连接作用的花键孔,花键孔与第二驱动轴箭头 A 方向端面上的花键轴啮合。制动件安装在活塞箭头 A 所示方向的端面上。活塞在液压缸里沿第一驱动轴和第二驱动轴的轴线沿箭头 A-B 方向上移动。液压缸的内圆周上和活塞的外圆周上有油腔 b 和 c。每个油腔 b 和 c 都有选择性地连接到具有适当液压油压力的供油源(图中未显示)。当液压油由油腔 b 流入时,活塞连同离合轴沿箭头 A 方向移动;当液压油由油腔 c 流入时,活塞连同离合轴沿箭头 B 方向移动。

如图 4.15 所示,离合轴右侧端面上有齿轮 B,左侧端面上有花键孔。第一驱动轴上的花键轴 A 从左侧插入花键孔内,第二驱动轴上的花键轴 B 从右侧插入花键孔内。图 4.15 为第一驱动轴和第二驱动轴未插入离合轴时的状态图。当液压油由油腔 b 流入时,活塞和离合轴朝箭头 A 向移动,如图 4.16 所示,离合轴上的花键孔和第二驱动轴上的花键轴 B 分开,第二驱动轴上的花键轴 B 与花键连接,保证第二驱动轴静止不动,齿轮 B 与第三驱动轴上的齿轮 C 配对啮合。该状态下,第一驱动轴通过离合轴上的齿轮 B 和第三驱动轴上的齿轮 C,将动力传递给第三驱动轴。图 4.16 为活塞和离合轴沿箭头 A 向移动到极限位置的状态图。

另一方面,液压油由油腔 c 流入时,活塞和离合轴沿箭头 B 方向移动如图 4.14所示,第二驱动轴的花键轴 B 插入离合轴的花键孔内,第一驱动轴、离合轴和第二驱动轴互相连接,活塞上的花键移动到第二驱动轴的轴颈(图 4.16)处,花键和第二驱动轴上的花键轴 B 脱离,齿轮 B 和齿轮 C 脱离。此时,第一驱动轴上的动力通过离合轴传递给第二驱动轴。驱动电机上有编码器(未显示),驱动电机转动的角位移信号通过编码器采集并加以控制。这就使刀盘转位的角度、第一驱动轴的转位角度、第二驱动轴的转位角度、第三驱动轴的齿轮 C 和离合轴上的齿轮 B 转角可控,并使花键和花键轴 B 在确定位置正确啮合、齿轮 C 和齿轮 B 在确定位置正确啮合。

刀架的操作过程具体如下:假设开始时,油腔 a 和 b 均处于供油状态。

首先,端部的刀具处于图示位置时,刀架机身被驱动控制,驱动电机旋转到特定位置,活塞上的花键对准第二驱动轴上的花键轴 B,离合轴上的齿轮 B 对准第三驱动轴上的齿轮 C,驱动电机停转。开始供压,液压油流入油腔 b,活塞和离合轴朝箭头 A 方向移动,如图 4.16 所示,离合轴上的花键孔和第二驱动轴上的花键轴 B 脱离啮合。活塞上的花键和第二驱动轴上的花键轴 B 互相啮合,齿轮 B 和齿轮 C 配对啮合。第二驱动轴在花键作用下被限位,驱动电机的动力通过第一驱动轴和离合轴传递给第三驱动轴。同时,液压油从油腔 a 排出时,在棒和弹簧作用下第二端齿盘朝箭头 B 方向移动,第一端齿盘和第二端齿盘脱离啮合,刀盘可自由旋转。

接下来,驱动电机驱动,动力通过第一驱动轴离合轴和第三驱动轴传递给第一端齿盘的外齿盘,外齿盘被驱动旋转,并带动刀盘旋转,固定在刀盘上的刀座以及动力刀具旋转到工作位置。刀座按上述过程分度完成后,液压油流入油腔 a,第二端齿盘克服弹簧和棒的压力沿箭头 A 方向移动。第一端齿盘的齿和第二端齿盘的齿相互啮合,保证刀盘有效定位在工作位置不发生转动。在分度转位完成时,离合轴的角度应保证花键孔和第二驱动轴的花键轴 B 能良好连接。

液压油由油腔 c 流入时,活塞和离合轴沿箭头 B 方向移动,如图 4.13 和图 4.14所示,花键和花键轴 B 以及齿轮 B 和齿轮 C 啮合脱离。花键轴 B 插入花键孔内,驱动电机可以将动力通过第一驱动轴、离合轴、第二驱动轴、驱动轴 B 和驱动轴 A 传递给刀具,这样刀具便开始旋转,接着工件被目标刀具加工。

离合轴支撑在活塞内,并随活塞一同沿第一驱动轴和第二驱动轴的轴向移动,其中第一驱动轴和第二驱动轴轴线重合。第二驱动轴和第三驱动轴可分别与具有离合功能的第一驱动轴连接。驱动电机的旋转动力可通过离合结构分别传递给第二驱动轴或者是第三驱动轴。因此,该种刀架传动方式与传统采用离合器和离合杆的传动方式相比较,结构更为简洁,有助于减小结构体积。离合轴由活塞支撑并驱动,具有较高的传动效率,驱动过程中的驱动力损失较少,具有较高的工作能力,不易产生故障。当活塞和离合轴沿箭头向移动时,离合轴的花键孔和第二驱动轴的花键轴 B 脱离,活塞上的花键和第二驱动轴上的花键轴 B 啮合,限制第二传动轴旋转。因此,离合轴与第二驱动轴脱离啮合,被第二旋转轴驱动的刀具和刀座不会在振动作用下旋转窜动。第二旋转轴再次插入离合轴时,第二旋转轴可安全方便插入离合轴,并与离合轴连接。

4.6　单电机动力刀架结构

本节介绍一种动力刀架结构[78],这种刀架采用单一电机作为动力源,刀盘转位和动力刀具驱动均采用该电机驱动。刀架包括一个内刀架和一个外刀架,当动力源通过传动机构、活塞离合件和旋转轴 A 传递时,内刀架被驱动并进行选刀;当动力源进一步通过旋转轴 A 传递给旋转轴 B 时,内刀架被驱动并进行选刀,选刀工作完成后,动力刀座可用于切削加工。因此这种刀架具有低的安装成本,不需要一个附加电机,节约空间。图 4.17 为刀架的左视图,图 4.18 为刀架处于状态 1 时的视图,图 4.19 为刀架处于状态 1 的局部放大图,图 4.20 为刀架处于状态 2 时的视图,图 4.21 为刀架处于状态 2 时的局部放大视图,图 4.22 为刀架处于状态 3 时的视图,图 4.23 为刀架处于状态 3 时的局部放大视图。

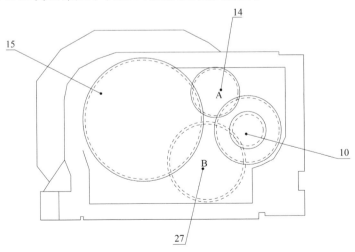

图 4.17　单电机动力刀架左视图

10-内刀盘旋转轴;14-旋转轴 A;15-主轴;27-外刀架旋转轴

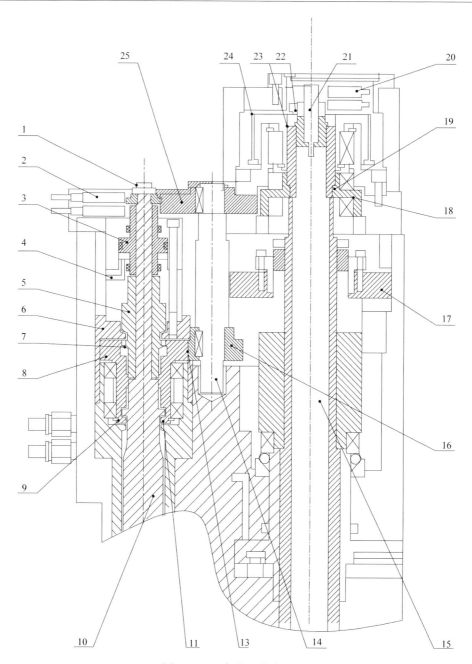

图 4.18　刀架处于状态 1 时

1-主动力源；2-检测单元；3-活塞离合件；4-动力装置；5-尾端外齿部分；6-固定基座；7-前端外齿部分；
8-传动件；9-前端齿件；10-内刀盘旋转轴；11-外齿件 A；13-外齿件 B；14-旋转轴；15-主轴；16-齿形件；
17-套；18-外旋转件；19-内齿；20-检测元件；21-弹性元件；22-离合座；23-齿形环；24-动力机构；25-协调运动件

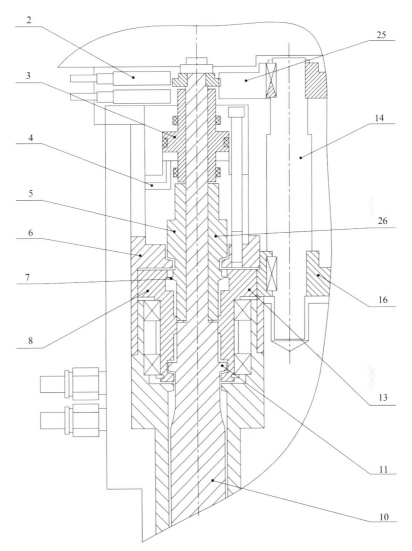

图 4.19 刀架处于状态 1 时的局部放大视图

2-检测单元;3-活塞离合件;4-动力装置;5-尾端外齿部分;6-固定基座;
7-前端外齿部分;8-传动件;10-内刀盘旋转轴;11-外齿件 A;
13-外齿件 B;14-旋转轴;16-齿形件;25-协调运动件;26-套座

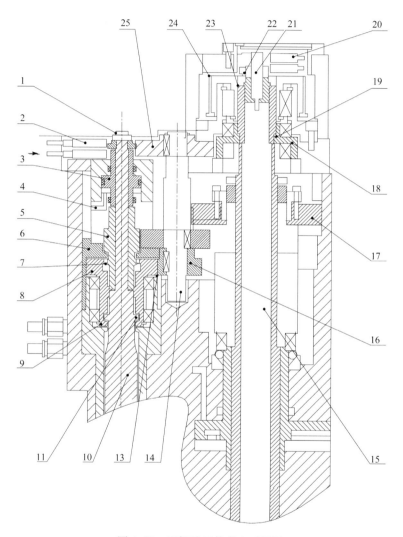

图 4.20 刀架处于状态 2 时视图

1-主动力源;2-检测单元;3-活塞离合件;4-动力装置;5-尾端外齿部分;6-固定基座;7-前端外齿部分;
8-传动件;9-前端齿件;10-内刀盘旋转轴;11-外齿件 A;13-外齿件 B;14-旋转轴;15-主轴;
16-齿形件;17-套;18-外旋转件;19-内齿;20-检测元件;21-弹性元件;22-离合座;
23-齿形环;24-动力机构;25-协调运动件

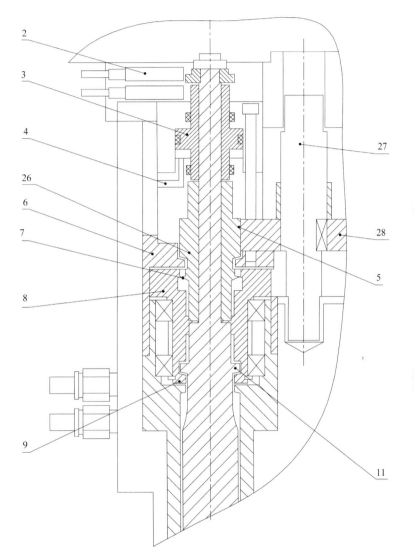

图 4.21　刀架处于状态 2 时的局部放大视图

2-检测单元;3-活塞离合件;4-动力装置;5-尾端外齿部分;6-固定基座;7-前端外齿部分;
8-传动件;9-前端齿件;11-外齿件 A;26-套座;27-外刀架旋转轴;28-环形件

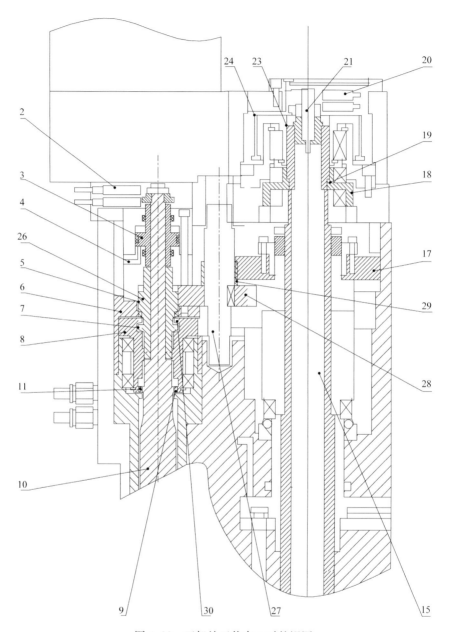

图 4.22　刀架处于状态 3 时的视图

2-检测单元;3-活塞离合件;4-动力装置;5-尾端外齿部分;6-固定基座;7-前端外齿部分;8-传动件;
9-前端齿件;10-内刀盘旋转轴;11-外齿件 A;15-主轴;17-套;18-外旋转件;19-内齿;20-检测元件;
21-弹性元件;22-离合座;23-齿形环;24-动力机构;26-套座;27-外刀架旋转轴;28-环形件;29-外齿
形结构;30-后端内齿件

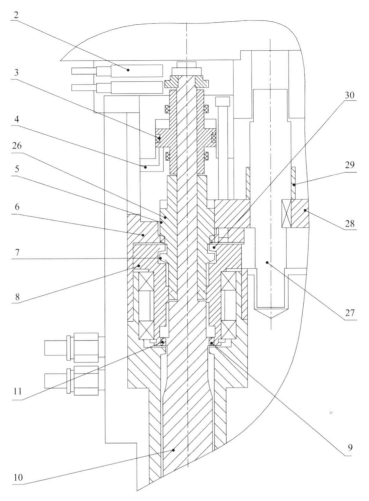

图 4.23　刀架处于状态 3 时的局部放大视图

2-检测单元；3-活塞离合件；4-动力装置；5-尾端外齿部分；6-固定基座；
7-前端外齿部分；8-传动件；9-前端齿形件；10-内刀盘旋转轴；11-外齿件 A；
26-套座；27-外刀架旋转轴；28-环形件；29-外齿形结构；30-后端内齿件

如图 4.18 所示，单电机双盘式刀架包括：动力机构用于传递安装在固定基座上主动力源的动力，其中主动源为伺服电机；齿形环安装在主轴的外圆周上，活塞离合件安装在主轴的外侧；套安装在主轴的外侧；齿形件安装在旋转轴的前端，当电机工作时，主动力源的动力通过动力机构和齿形环传递给旋转轴，并带动齿形件旋转。

刀架机体，用于驱动内刀盘的旋转轴。旋转轴上有传动件，当动力源工作时，主动力源的动力通过旋转轴 A 和齿形件传递给传动件。

刀架动力模块，如图 4.22 所示，外刀架旋转轴用于驱动外刀架，外刀架旋转轴上有外齿形结构;活塞离合件安装在内刀架旋转轴的尾部,活塞离合件与传动件一起使用,用于选择内刀架旋转轴或者是外刀架旋转轴,以便内外刀架中的一个用于被选择转位选刀,并进行后续加工过程;一个检测单元,用于检测活塞离合件的位移,以便确定活塞离合件的位置。

如图 4.18 所示,双刀盘刀架结构包括主轴尾部的离合座,用于为齿形环提供推力。安装在主轴上的外旋转件邻近齿形环,外旋转件有内齿。弹性元件安装在离合座的内部,邻近主轴。检测元件安装在离合座附近,用于检测离合座的位移,当离合座没有恰当放置导致齿形环与外旋转件的内齿脱离啮合时,检测元件发出信号设备停转。

如图 4.18 和图 4.22 所示,协调运动件安装在旋转轴 A 的尾部,与外旋转件啮合,并与内刀架旋转轴上的传动件协调运动。内刀盘旋转轴上的传动件上有前端和后端内齿件及外齿件,内刀盘旋转轴的前端面上有外齿件。内刀盘旋转轴上有套座,套座上有前端外齿部分和尾端外齿部分。外刀架旋转轴上有环形件。固定基座固定在刀架基体上。主轴上的套用于驱动外刀架。

动力装置为活塞离合件提供移动的动力,动力装置可采用液压或者是气压传动。活塞离合件可带动内刀盘旋转轴移动到第一状态和第二状态。在第一状态时,内刀盘旋转轴的外齿件 A 与传动件的前端齿件啮合,套座的前端外齿部分与尾部内齿脱离,套座的尾端外齿部分与固定基座连接。此时动力通过传动件传递给内刀盘旋转轴,并实现内刀架的驱动与换刀过程。相反,在第二状态时,内刀盘旋转轴的外齿件 A 与传动件的前端齿件脱开,套座的前端外齿部分与传动件尾部内齿啮合,套座的尾端外齿部分与外刀架旋转轴上的环形件啮合,外刀架旋转轴上的外齿形结构与主轴上的套啮合。此时动力传递给外刀架旋转轴,并实现外刀架的驱动与换刀过程(图 4.19)。

图 4.18、图 4.19 为第一步操作。首先流体进入主轴,使主轴上的活塞推动主轴上的套,由于套可靠地连接在刀架上,这样刀架将一同移动。由于主轴在套内部,主轴和安装在主轴尾部的离合座将与刀架一起移动。离合座的移动将推动齿形环移动,使齿形环与外旋转件的内齿啮合,此时弹性元件在内齿和齿形环间提供弹性力,防止内齿和齿形环损坏和窜动。如图 4.18 所示,如果离合座没有移动到适当位置,将会导致错位的产生,齿形环未能与外旋转件的内齿啮合,检测元件将产生信号,停止设备运行,防止不必要的破坏产生。由于主动力源为伺服电机,当活塞离合件推动主轴上的套运动时,动力源处于非工作状态,流体推动离合座促使齿形环与外旋转件的内齿啮合。

如图 4.20 和图 4.21 所示,外旋转件被齿形环驱动,动力传递给旋转轴的尾部的协调运动件。当旋转轴旋转时,旋转轴前端面的齿形件一同旋转,动力通过传动件上的外齿件 B 和齿形件的啮合,传递给内刀盘旋转轴上的传动件。当传动件旋转时,活塞离合件未推动内刀架旋转轴,靠传动件的后端内齿件与套座的前端外齿部分啮合驱动传动件。套座转动后,套座的尾端外齿部分与旋转轴上的环形件啮合,驱动旋转轴旋转。此时旋转轴通过外齿形结构与主轴上的套啮合,实现套旋转驱动外刀架旋转进行选刀的过程。

如图 4.22、图 4.23 所示,内刀架的选刀操作完成之后,主动力源输出动力,动力传递给动力机构,按序驱动齿形环、旋转件和外刀架旋转轴的尾部的协调运动件转动。同时,外刀架旋转轴前端面的齿形件带动内刀架旋转轴的传动件旋转。当传动件旋转时,动力装置驱动内刀架旋转轴尾部的活塞离合件移动,检测单元探测活塞离合件的位置,并判断活塞离合件是否移动到适当位置。活塞离合件、内刀架旋转轴和套座向前移动,套座的前端外齿部分与传动件的后端内齿件分离,套座的尾端外齿部分与基座的固定基座连接,此时套座被固定,动力将不会通过套座传递给外刀架旋转轴,外刀架静止。接下来,内刀架旋转轴受液压作用,通过外齿件 A 与传动件前端齿件啮合。这样动力通过传动件传递给旋转轴,接下来内刀架被驱动转位选刀。

综上所述,动力传递给主轴并带动主轴转动,进行切削工作。相反,动力可通过主轴,利用控制活塞离合件向前向后移动,传递给内刀架或者是外刀架。当这种刀架应用于单刀盘刀架时,动力可以传递给主轴,以及传递给刀架进行转位换刀。刀架增加了主轴的长度,其他刀具可不发生干涉地反向安装,这样就可以进行反向加工。同时,刀架上也可安装不同的刀具来实现不同的加工方式。

刀架结构优点为:刀架和外刀架的驱动转位采用同一个主动力源实现,不需要附件动力源,节约空间;采用单个电机,安装简单,相对节约安装成本;增加了主轴和箱体的长度,其他刀具可以不干涉地反向安装,在刀盘转位选择加工刀具后,可进行反向加工,刀架可以安装更多种类的刀具。

4.7　双向选刀动力刀架结构

图 4.24 是一种典型的双向选刀动力刀架结构[79]的示意图。图 4.24 是沿图 4.26 中 I-I 线的轴向剖面图。图 4.25 是沿图 4.24 中 II-II 线的剖面图。图 4.26 是沿图 4.24 中 III-III 线的剖面图。图 4.27 是转台锁定件处于锁定位置的情形。图 4.28 所示是图 4.27 中处于松开位置的情形。图 4.29 表明图 4.24 中的转台的另一状态。图 4.30 是沿图 4.29 中 VII-VII 线的剖面图。图 4.31 是沿图 4.29 中 VIII-VIII 线的剖面图。图 4.32 是图 4.29 的转台锁定件的操作图,处于锁定位置。图 4.33 所示是图 4.32 中处于松开位置的情形。图 4.34 表明图 4.24 中转台的另一状态图。图 4.35 是沿图 4.34 中 XII-XII 线的剖面图。图 4.36 是双向选刀动力刀架具有垂直轴线的刀架转台的轴向剖面图。图 4.37 是沿图 4.36 中 XIV-XIV 线的

剖面图。图 4.38 是沿图 4.36 中 XV-XV 线的剖面图。图 4.39 是沿图 4.36 中 XVI-XVI 线的剖面图。图 4.40 是双向选刀动力刀架的转台部分剖面图。图 4.41 是图 4.40 中刀具转动装置的放大图,刀具处于静止状态的位置。图 4.42 是图 4.40 中刀具转动装置的放大图,刀具处于动作状态的位置。图 4.43 是双向选刀动力刀架的装有作为另一状态的刀具转动装置转台的部分剖面图。图 4.44 是图 4.43 中刀具转动装置的局部放大图。

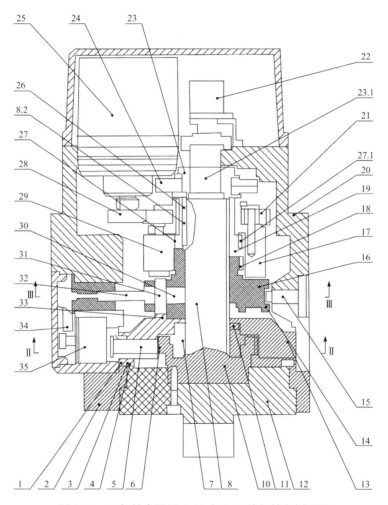

图 4.24　刀架转台沿图 4.26 中 I - I 线的轴向剖面图

1-齿圈;2-螺栓;3-端齿圈 A;4-端齿圈 B;5-螺栓;6-径向缺口;7-弹簧 A;8-轴 A;8.2-键;
10-宽端;11-止推轴承;12-圆盘;13-锁定环;14-缺口;15-销钉;16-环形体;17-行星齿轮架;18-齿圈 A;
19-止推轴承;20-外支撑体;21-冠型齿轮;22-编码器;23-止环;24-盘形弹簧;25-传动马达;26-轴承;
27-齿轮;27.1-齿圈 B;28-小齿轮;29-行星齿轮;30-轴 B;31-滚柱;32-传感器;
33-凸轮;34-近程传感器;35-电磁制动器

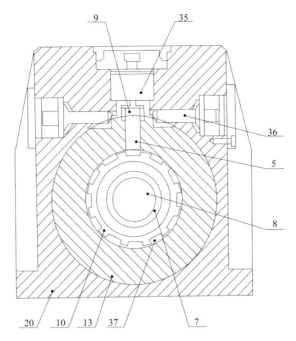

图 4.25　沿图 4.24 中 Ⅱ-Ⅱ 线剖面图

5-螺栓;7-弹簧 A;8-轴;9-弹簧 B;10-宽端;13-锁定环;

20-外支撑体;35-电磁制动器;36-减震部件;37-弹性件

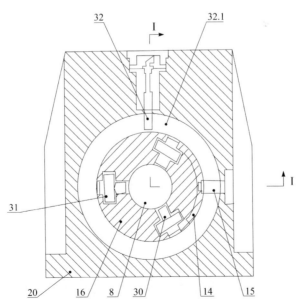

图 4.26　沿图 4.24 中 Ⅲ-Ⅲ 线的剖面图

8-轴 A;14-缺口;15-销钉;16-环形体;20-外支撑体;30-轴 B;31-滚柱;32-传感器;32.1-突起

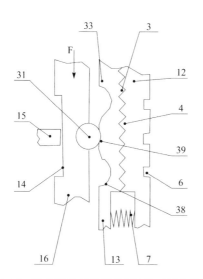
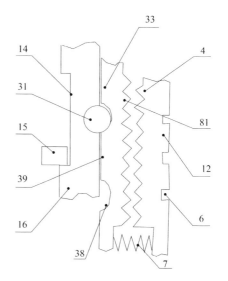

图 4.27　转台锁定件的操作图(处于锁定位置)　　　图 4.28　图 4.27 中处于松开位置
　　　3-端齿圈 A;4-端齿圈 B;6-径向缺口;　　　　　　　4-端齿圈 B;6-径向缺口;7-弹簧 A;
　　　7-弹簧 A;12-旋转件;13-锁定环;　　　　　　　　　12-旋转件;14-缺口;15-销钉;
　　　14-缺口;15-销钉;16-环形体;31-滚柱;　　　　　　16-环形体;31-滚柱;33-凸轮;
　　　33-凸轮;38-凹槽;39-表面　　　　　　　　　　　　38-凹槽;39-表面;81-测标

　　如图 4.24～图 4.26 所示,行星齿轮架通过轴承可绕齿轮的筒形部分转动,此齿轮借助于键与轴 A 刚性连接并旋转,行星齿轮架经由行星齿轮与齿轮的齿圈 B 啮合。行星齿轮同时与环形体的齿圈 A 啮合,环形体与轴 A 共轴线且可以绕其转动。由行星齿轮架承载的行星齿轮与齿轮的齿圈 B 和环形体的齿圈 A 共同构成一种行星型的差动装置。环形体有许多支承在相应的轴 B 之上的滚柱,此轴具有相对于轴 A 的径向轴线,滚柱抵靠在锁定环的端部凸轮的轮廓上。此端部凸轮的轮廓在周边上的形状,表示在图 4.27 与图 4.28 中,图中仅示出这些滚柱的所在部位。锁定环的端部凸轮的轮廓在弹簧 A 产生的推力作用下压向滚柱。环形体轴向承载在齿轮上,中间夹有止推轴承,止环通过螺纹与轴 A 刚性连接。在轴 A 的端部连接编码器,该结构如图 4.25 所示。轴 A 的宽端在其外表面上有一圈径向缺口,它们的个数、位置与转台停止的个数、位置,也即与圆盘刚性相连之刀架板所夹持的刀具个数相一致。锁定环上对着这些个缺口位置设有可插入缺口中的径向螺栓。

　　如图 4.26 所示,供轴向位移用的环形体具有多个等距离相隔的滚柱(图中仅示明 3 个),在环形体的外表面上还设有具有一定延伸角度的边缘缺口,在此缺口中插入销钉。朝向环形体的表面有磁性的传感器或类似探测器,用来探测突起与其相对时的实际情况,突起位于环形体所需停止的位置上。在图 4.24 中表示出的

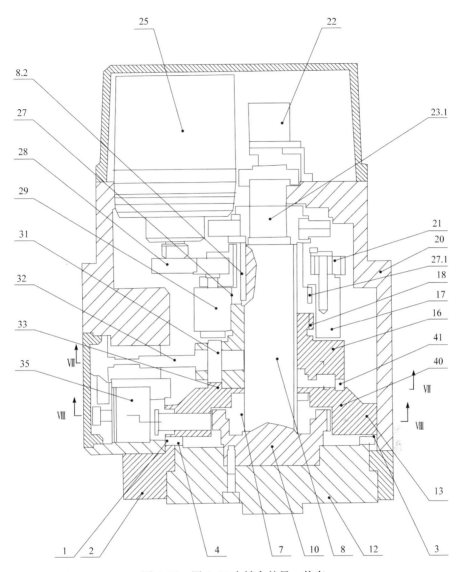

图 4.29　图 4.24 中转台的另一状态

1-齿圈；2-螺栓；3-端齿圈 A；4-端齿圈 B；7-弹簧 A；8-轴 A；10-宽端；12-旋转件；13-锁定环；16-环形体；
17-行星齿轮架；18-齿圈 A；20-外支撑体；21-冠型齿轮；22-编码器；25-传动马达；27-齿轮；27.1-齿圈 B；
28-小齿轮；29-行星齿轮；31-滚柱；32-传感器；33-凸轮；35-电磁制动器；40-凹座；41-端齿圈 C

另一近程传感器，接近电磁制动器配置，用来检测其相应可动部分的位置。锁定环的端部凸轮的轮廓表示在图 4.27 与图 4.28 中，在滚柱的所在位置设有由表面所分开的一对凹槽，在图 4.27 中转台处在静止位置上，齿圈、端齿圈 B 与端齿圈 A 啮合，而销钉则处在缺口中的一个中间位置。转台在静止条件下或当工具正在加工时的位置如图 4.27 所示:齿圈、端齿圈 B 与端齿圈 A 互相啮合,滚柱处于两个凹槽之间的中间位置,销钉则处于缺口的中间位置。

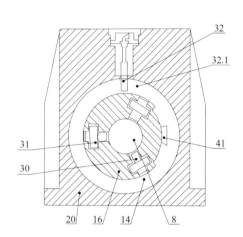 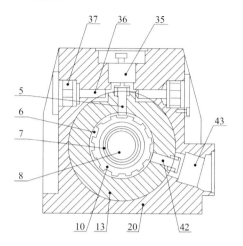

图 4.30　沿图 4.29 中Ⅶ-Ⅶ线的剖面图

8-轴 A;14-缺口;16-环形体;20-外支撑体;
30-轴 B;31-滚柱;32-传感器;32.1-突起;41-端齿圈 C

图 4.31　沿图 4.29 中Ⅷ-Ⅷ线的剖面图

5-螺栓;6-径向缺口;7-弹簧 A;
8-轴 A;10-宽端;13-锁定环;20-外支撑体;
35-电磁制动器;36-减震部件;37-弹性件;
42-螺栓;43-电磁制动器

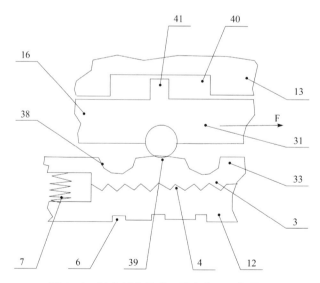

图 4.32　转台锁定件处于锁定位置的操作图

3-端齿圈 A;4-端齿圈 B;6-径向缺口;7-弹簧 A;12-旋转件;13-锁定环;
16-环形体;31-滚柱;33-凸轮;38-凹槽;39-表面;40-凹座;41-端齿圈 C

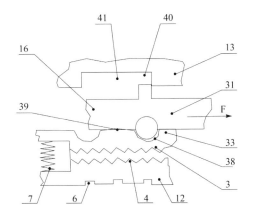

图 4.33　图 4.32 中处于松开位置的情形

3-端齿圈 A;4-端齿圈 B;6-径向缺口;7-弹簧 A;12-旋转件;13-锁定环;

16-环形体;31-滚柱;33-凸轮;38-凹槽;39-表面;40-凹座;41-端齿圈 C

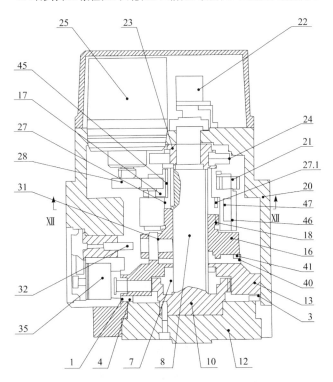

图 4.34　图 4.24 中转台的另一状态

1-齿圈;3-端齿圈 A;4-端齿圈 B;7-弹簧 A;8-轴 A;10-宽端;12-旋转件;13-锁定环;16-环形体;

17-行星齿轮架;18-齿圈 A;20-外支撑体;21-冠型齿轮;22-编码器;23-止环;24-盘形弹簧;25-传动马达;

27-齿轮;27.1-齿圈 B;28-小齿轮;31-滚柱;32-传感器;35-电磁制动器;40-凹座;41-端齿圈 C;45-行星齿轮;

46-滚柱 A;47-行星齿轮架 A

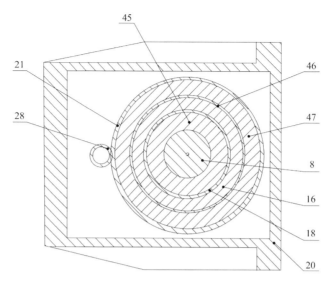

图 4.35　沿图 4.34 中 Ⅻ-Ⅻ 线的剖面图

8-轴 A;16-环形体;18-齿圈;20-外支撑体;21-冠型齿轮;

28-小齿轮;45-行星齿轮;46-滚柱 A;47-行星齿轮架 A

　　如图 4.24 和图 4.27 所示,当刀架换刀时,传动马达转动,该传动马达驱动冠形齿轮与行星齿轮架转动。由于在初始状态下齿轮是与轴 A 刚性连接且与其一起转动的,而圆盘则由于齿圈、端齿圈 B 与端齿圈 A 啮合而保持不动,行星齿轮架的转动即通过行星齿轮使环形体转动,而滚柱在凸轮的轮廓上滚动。环形体沿着图 4.27 中箭头 F 的方向转动,便将滚柱带到与其相对的一个凹槽上,具有凹槽的锁定环在弹簧 A 的作用下向左运动,滚柱即插入凹槽中。当滚柱也已插入上述相应凹槽中时,销钉即处于缺口的端部并停止环形体的转动(图 4.28)。锁定环的前向进给有一定的范围,可使端齿圈 A 从端齿圈 B 上脱开,由此便能转动圆盘和与其刚性连接的轴 A 以及齿轮。此时,由于环形体被锁定,传动马达即通过行星齿轮使上面连接有刀架板的圆盘转动,这样便使预选的刀具进入操作位置。

　　当按照编码器探测的结果表明已经到达操作位置时,电磁制动器即操纵螺栓向前进给,后者即插进宽端的径向缺口中,圆盘停止转动;当近程传感器探测出螺栓完成的前向进给,然后传动马达停转。传动马达然后反转,将滚柱带回到与各滚柱相关的两凹槽之间表面的居中位置上,由此使带有端齿圈 A 的锁定环顶弹簧 A,压向齿圈与端齿圈 B,端齿圈 A 与齿圈与端齿圈 B 啮合并连接在一起。盘形弹簧的压缩作用,确保了端齿圈 A 对齿圈与端齿圈 B 的锁定而不发生窜动。当滚柱来到凸轮的表面上时,近程传感器探测突起的出现使马达停止转动,此突起按角度对应于表面。

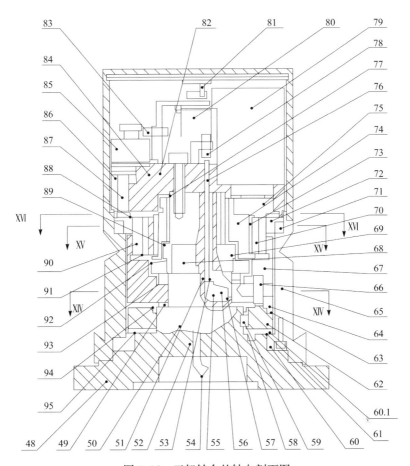

图 4.36　刀架转台的轴向剖面图

48-底座;49-内齿圈;50-中心轴;51-弹簧;52-孔;53-杠杆端部;55-杠杆;56-销钉;57-杠杆端部;58-弹簧 C;
59-端齿圈 D;60-冠形齿轮 A;60.1-齿圈;61-端齿圈;62-锁定环;63-凹座;64-齿;65-转台外体;66-滚柱 B;
67-滚柱架;68-螺丝;69-环;70-齿轮;71-减震部件;72-内齿环;73-滚柱;74-行星齿轮架;75-小齿轮;76-棒;
77-滚柱;78-近程传感器;79-传动马达;80-角度位置探测器;81-测标;82-板件;83-传感器;84-冠行齿轮;
85-制动器;86-弹簧;87-螺栓;88-端部缺口;89-止推轴承;90-内齿圈;91-外齿圈;92-盘形弹簧;93-止推轴
承;94-凸轮;95-小齿轮

　　图 4.29 表示该种刀架转台的另一种状态,其中与齿圈刚性连接且插入环形体缺口中的固定的销钉,已替换为端齿圈 C,后者沿轴向从环形体突出并插入锁定环上相应的凹座内,且同样表示在图 4.30 中。

　　锁定环是锁定不转的,因为此环只需进行轴向移动,由此可以起到停止环形体的转动的作用,为此目的而采用锁定环也是非常方便的,因为如图 4.31 和如图 4.25 所示,它是由减震部件、弹性件锁定而不能转动的,这样就能缓和环形体停止时的冲击,也就减少了整个系统的应力与振动。

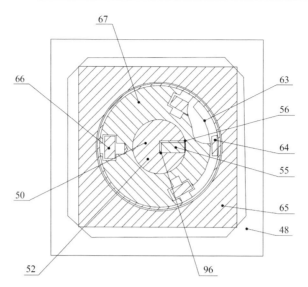

图 4.37　沿图 4.36 中 XIV-XIV 线的剖面图

48-底座;50-中心轴;52-孔;55-杠杆;56-销钉;63-凹座;
64-齿;65-转台外体;66-滚柱 B;67-滚柱架;96-缺口

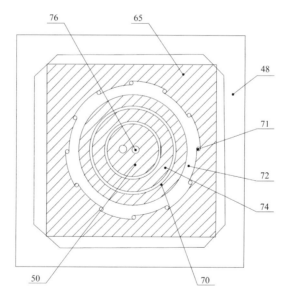

图 4.38　沿图 4.36 中 XV-XV 线的剖面图

48-底座;50-中心;65-转台外体;70-齿轮;
71-减震部件;72-内齿环;74-驱动件;76-棒体

上述系统形成了一个差动齿轮装置;由齿圈 A 的齿数与齿圈 B 的齿数之差来保证运动的传递,通过对齿形做适当校正,就能在这些齿圈与行星齿轮之间获得相

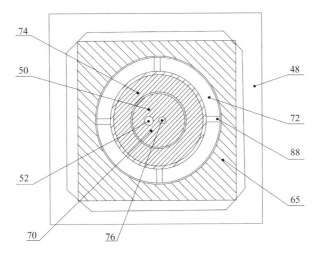

图 4.39 沿图 4.36 中 XVI - XVI 线的剖面图
48-底座;50-中心轴;52-孔;65-转台外体;70-齿轮;
72-内齿环;74-驱动件;76-棒;88-端部缺口

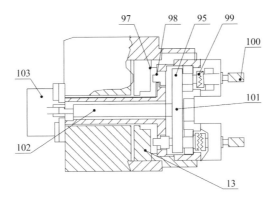

图 4.40 双向选刀动力刀架的转台部分剖面图
13-锁定环;95-小齿轮;97-突起;98-销;99-离合器;
100-刀具;101-齿轮;102-中心轴;103-马达

同的齿距线。假若以上两齿圈间的齿数相差很小,如只差一个齿,特别是在带内齿圈的行星齿轮的情况下,前述要求是可以做到的。

图 4.36 表明该种刀架的具有立轴结构的转台。上述转台具有带有固定端齿圈 D 的底座,围绕着端齿圈 D 设有与转台外体刚性连接的冠形齿轮 A,上面设有齿圈 C,在转台外体上连接有刀架板(图中未标出)。底座具有带垂直轴线的中心轴,它的上端连接着传动马达的板件。传动马达上带有与行星齿轮架 A 的冠形齿轮 D 啮合的小齿轮 A 和齿轮架 A。行星齿轮通过滚柱 C 围绕行星齿轮架 A,按偏心状态支承,齿轮 A 的外齿圈与内齿环的内齿圈和滚柱架的内齿圈 A 啮合,内齿

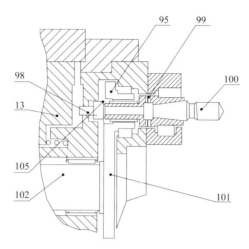

图 4.41　图 4.40 中刀具转动装置的放大图(刀具处于静止状态的位置)

13-锁定环;95-小齿轮;98-销;99-离合器;100-刀具;

101-齿轮;102-中心轴;105-弹簧

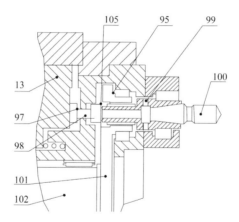

图 4.42　图 4.40 中刀具转动装置的放大图(刀具处于动作状态的位置)

13-锁定环;　95-小齿轮;97-突起;98-销;99-离合器;

100-刀具;101-齿轮;102-中心轴;105-弹簧

环与外体刚性连接,滚柱架与中心轴共轴线,并经由止推轴承支承在此中心轴的底座上。滚柱架能在中心轴上滑动,并由一组盘形弹簧使其压在中心轴的底座上,弹簧通过止推轴承支承在此滚柱架上,开在其相对一端与环连接,此环经由螺丝与中心轴刚性相接。止推轴承带有很多轴向布置的滚柱,滚柱 B 顶靠在锁定环之端部凸轮 A 的轮廓上,锁定环上有端齿圈,它与底座的端齿圈 D 以及冠形齿轮 C 这两者相啮合。锁定环可在中心轴上滑动。底座与锁定环之间设有很多弹簧,由它来保持端部凸轮 A 的轮廓与滚柱 B 之间的接触,同时使锁定环脱开冠形齿轮 C 与底座。

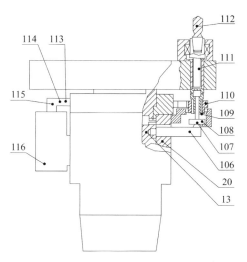

图 4.43 双向选刀动力刀架的装有作为另一状态的刀具转动装置转台的部分剖面图

13-锁定环;20-外支撑体;106-突起;107-止推轴承;108-盘形弹簧;

109-轴向运动部分;110-小齿轮;111-端齿圈;112-旋转刀具;

113-轴承;114-齿轮;115-小齿轮;116-马达

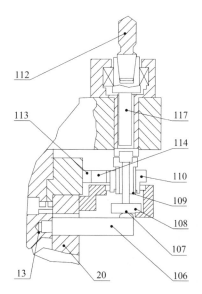

图 4.44 图 4.43 中刀具转动装置局部放大图

13-锁定环;20-外支撑体;106-突起;107-止推轴承;108-盘形弹簧;109-轴向运动部分;

110-小齿轮;112-旋转刀具;113-轴承;114-齿轮;117-固定部分

如图 4.37 所示,齿从滚柱架上突出并插入凹座中。如图 4.38 所示,内齿环经由橡胶或类似物质制成的减震部件连接至转台外体,同时具有若干如图 4.39 所示的端部缺口,它们的数量、位置与转台上安装的刀具相对应。至少有一个螺栓与缺口相对设置,螺栓为板件所承载,并与传感器协同工作;此板件还带有角度位置探测器。

4.8　气压锁紧动力刀架结构

下面将介绍一种气压锁紧的动力刀架结构[80],这种刀架包括箱体、锁紧元件和气压系统等。

箱体:可绕箱体旋转的塔头,安装在箱体上;与塔头同轴,径向相邻第一齿盘和第二齿盘,第一齿盘安装在塔头上,第二齿盘安装在箱体上,两个齿盘上有同朝向的齿。

锁紧元件:锁紧元件与第一齿盘、第二齿盘同轴相邻。锁紧元件有活塞和齿,活塞轴向移动,处于锁紧状态时活塞齿与第一、第二齿盘上的齿啮合,活塞释放时,至少与第一、第二齿盘中的一个脱离啮合。气压用于将锁紧元件驱动到锁紧位置。锁紧元件、第一和第二齿盘上的锁紧齿的齿型角小于$60°$,刀具所受力的反作用力的轴向分力小于活塞轴向力和摩擦轴向分力的合力。

气压系统:气压结构可以应用于任何机床中,气压活塞结构相对于其他结构有较明显的特点。连接的气管提供相对低的压力,气体的出口部分不需要接回气压源。采用气压代替液压,活塞的压力相对变小。该种刀架不需要做结构较大的改动。这是通过降低齿的夹角实现的。活塞的锁紧力大大降低,并没有降低有效锁紧。采用了小的侧角,小的齿结构公差,减小齿的不精确性。最大齿槽宽由齿高决定。采用较小的侧角,对梯形截面有利。外载荷对塔头产生一个扭矩,扭矩方向平行于塔头的轴向。这样就产生了一个倾斜扭矩,使塔头轴向与箱体轴向不重合。该种刀架中采用预紧的轴向轴承支撑,不需要采用活塞提供轴向力补偿倾斜扭矩。

采用气压传动的另一个好处是,在过载发生时,如刀具和工件发生碰撞,气压作用下的活塞可以产生足够的位移使得活塞至少与一个齿盘脱离啮合。这样就可以保证过载时不会对刀架内部结构产生破坏。当过载后,塔头复位时,活塞卸载压力。活塞上加压,活塞上齿与齿盘啮合时,不会产生较大的加速度。

图 4.45 为刀架侧视截面局部剖视图。图 4.46 为刀架塔头和锁紧件局部视图。图 4.47 为图 4.46 中Ⅲ的局部放大视图。图 4.48 为从图 4.45 中塔头侧视面看的齿面局部视图。图 4.49 为图 4.48 中凸轮截面视图。图 4.50 为刀架的局部放大视图。

刀架具有盘状塔头,塔头安装在箱体内,可绕箱体旋转。和通常结构相同,塔头上有用于安装刀座的承压部件。塔头朝向箱体内腔一侧有齿环 B,齿环与塔头的旋转轴同轴,齿环上的齿成径向锯齿状,指向刀架箱体内壁。

塔头的旋转驱动没有采用中心轴直接驱动,而是采用中空柱状体实现。柱状体在中心轴的外围,并与其同轴。柱状体的一个工作面与塔头连接。螺钉将塔头与中空柱状体连接在一起。塔头上的齿环 C 的外径通过轴承 B 支撑在环形件上。环形件通过法兰连接在箱体上。中空柱状体通过轴承 B 可旋转地安装在箱体的内腔壁上。中空柱状体连接在行星轮上。行星轮 A 同时与刀架箱体上的齿轮 C 和驱动齿轮 A 啮合。驱动齿轮 A 与齿轮 B 同轴心,为双联齿轮轴。上述双联齿轮轴通过中心轴上的轴承 E 和外圈孔上的轴承 F 支撑,支撑轴承 F 的外圈孔壁在箱体上。中心轴尾部通过轴承 F 支撑在外圈孔壁上。齿轮 B 与齿轮 A 啮合驱动。齿轮 A 与齿轮 D 同时安装在附属轴上,附属轴与中心轴平行,齿轮 A 与齿轮 D 之间没有相对转动。附属轴通过轴承 A 可旋转地固定在箱体的外圆孔壁上。齿轮 D 与电机上的驱动齿轮 B 互相啮合。电机紧固在箱体和外壁上。固定在箱体上的环形件有齿环 A。齿环 A 上的齿与齿环 B 上的齿对齐,环形活塞与塔头同心,以便锁紧塔头。环形活塞的内连接面与齿环 B 对齐,环形活塞的外连接面与齿环 A 对齐。齿环 B 和齿环 A 均位于环形腔的另一侧腔中。环形活塞在气压源作用下可在腔内沿轴线滑动。如图 4.45 所示,环形腔由塔头、环形件外壁和箱体内壁构成。

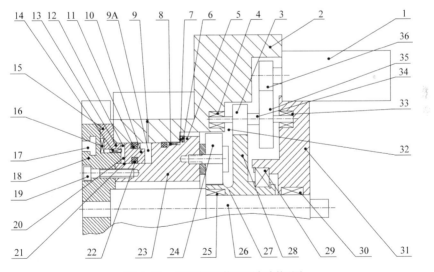

图 4.45　刀架侧视截面局部剖视图

1-电机;2-箱体;3-齿轮 A;4-轴承 A;5-调整垫圈;6-外挡肩;7-轴向轴承 A;8-轴承 B;9-气压源;9A-环形腔;10-环形活塞;11-密封圈 A;12-齿环 A;13-环形件;14-轴承 C;15-法兰;16-轴承 D;17-承压部件;18-塔头;19-螺钉;20-齿环 B;21-锯齿 A;22-密封圈 B;23-柱状体;24-行星轮;25-轴承 E;26-中心轴;27-驱动齿轮 A;28-齿轮 B;29-轴向轴承 B;30-轴承 F;31-外圈孔壁;32-齿轮 C;33-凹槽;34-附属轴;35-齿轮 D;36-驱动齿轮 B

　　环形活塞的外壁和内壁上均有槽,槽中安装有密封圈 A。活塞朝齿环 B 和齿环 A 端有锯齿(图 4.46),锯齿与齿环 B 和 A 上的齿相互啮合,这样将塔头无缝隙固定在箱体上。环形活塞的操作表面具有与液压结构相同的尺寸,主要是考虑在现有结构下不做结构修改。压缩空气提供 5MPa 的压力作用在环形活塞上。这样就采用了一个小的齿形角(大约 20°),而传统的端齿盘一般采用 230°的齿形角。如图 4.47 所示,最大齿槽宽应比最小齿厚大 2X。X 值的大小与预定位公差有关。如图 4.47 中梯形的尺寸与齿的高度和侧角有关。齿的侧角为 10°,可以保证环形活塞产生的轴向力比塔头的轴向分力大。塔头同样可以承受与旋转轴平行的轴向力的作用。

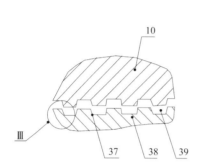 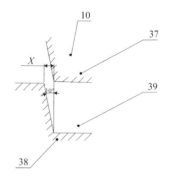

图 4.46　刀架塔头和锁紧件局部视图　　　　图 4.47　图 4.46 中Ⅲ的局部放大视图
10-环形活塞;37-锯齿 B;38-齿环 C;39-齿槽　　　10-环形活塞;37-锯齿 B;38-齿环 C;39-齿槽

　　如图 4.45 所示,轴向轴承 A 和 B 开始时通过螺钉连接并有预紧力,这样塔头和环形件被拉紧,接触面之间有相对压力。可以调整外挡肩来调整轴向轴承 A 间的初始压力。两个轴向轴承 A 和 B 完全承受了塔头所受的外载荷的轴向作用力,补偿了环形活塞的轴向压力。齿的侧角决定了承受外载荷,锁紧齿盘的能力。当作用在塔头上的扭矩超过极限值,产生碰撞或过载,环形活塞承受的气压不足以抵抗外载荷,环形活塞与齿环 B 脱离,齿环 B 带塔头旋转。为了实现定位功能,上述结构采用凸轮压紧活塞,从而定位齿盘。

　　如图 4.48 和图 4.49 所示,一组凸轮件分布在齿环工作面上。凸轮件沿周向均匀分布,并沿着轴向延伸。凸轮通过螺钉安装在塔头的凹槽内。凸轮件插入环形活塞的凹槽内固定齿。凸轮件在凹槽中的接触面比在齿环 C 的锯齿 B 和锯齿 A 中的接触面大。因此,在碰撞发生时环形活塞上的锯齿 B 与齿环 C 和齿环 A 上的齿脱离啮合,凸轮件依然与环形活塞接触。这样塔头与环形件间有相对运动,与环形活塞之间没有相对运动。这样就可以保证塔头复位,碰撞发生后,只需要利用电机将塔头旋转回原先位置。

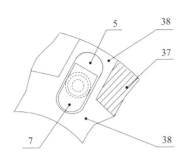 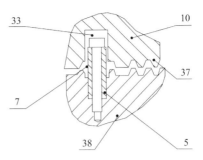

图4.48　图 4.45 塔头侧面的齿面局部视图

5-调整垫圈;7-轴向轴承;37-锯齿 B;38-齿环 C

图 4.49　图 4.48 中凸轮截面视图

5-调整垫圈;7-轴向轴承;10-活塞;

33-凹槽;37-锯齿 B;38-齿环 C

图 4.50 中齿环 C 的齿高比齿环 A 高。这样就可以在环形活塞上的锯齿 A 与齿环 A 脱离时,保持活塞的锯齿 A 与齿环 C 接触。这样在发生碰撞之后,在电机驱动下塔头可以旋转回原先位置。为了使塔头能够更好地转回原先位置,活塞应该释放气压压力。当塔头旋转将另一个刀具换刀到工作位置的过程中,释放锁紧气压压力。换刀完成后,活塞再次通气压,齿再次锁紧齿环 C 和齿环 A 上的锯齿,由此环形活塞持续通气压。

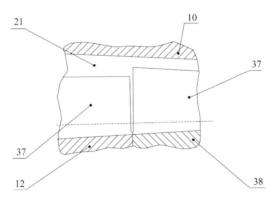

图 4.50　刀架的局部放大视图

12-齿环 A;10-环形活塞;21-锯齿 A;37-锯齿 B;38-齿环 C

4.9　单伺服电机驱动动力刀架结构

一般情况下,刀架转位机构和动力刀驱动机构分别由两台伺服电机驱动。两台伺服电机的使用增加了采购成本,也使刀架的体积和重量增大。采用单伺服电机分别驱动刀架转位机构和动力刀可以解决上述问题,但刀架的传动机构和动力切换机构成为重要的技术难点。这里将介绍一种单伺刀架结构[81]。

　　单伺服电机同时驱动刀盘转位和动力刀具的切削动作,解决刀盘转位和动力刀具驱动的传动机构设计以及动力切换问题。技术方案为:单伺服动力刀架,包括伺服电机、刀架箱体、刀盘和动力刀座,伺服电机连接动力输入轴,动力输入轴另一端设有滑移齿轮离合装置,滑移齿轮离合装置包括滑移齿轮和两个与其配合的动力切换齿轮,动力切换齿轮Ⅰ通过二级齿轮传动的刀盘转位机构连接刀盘,动力切换齿轮Ⅱ通过三级齿轮传动的动力刀传动机构连接刀具驱动件,刀具驱动件连接动力刀座。在伺服电机与动力输入轴之间安装有力矩限制器。

　　滑移齿轮离合装置包括动力输入轴、输入轴刀盘侧齿轮、滑移齿轮、动力切换齿轮Ⅰ、动力切换齿轮Ⅱ、拨叉和活塞,动力输入轴上依次安装输入轴刀盘侧齿轮、滑移齿轮、动力切换齿轮Ⅰ、动力切换齿轮Ⅱ,输入轴刀盘侧齿轮、滑移齿轮和动力切换齿轮Ⅰ具有相同的齿数和模数,滑移齿轮是内啮合齿轮,输入轴刀盘侧齿轮和动力切换齿轮Ⅰ是与滑移齿轮配合的外啮合齿轮,动力切换齿轮Ⅰ通过滚针轴承套装在动力输入轴上,动力切换齿轮Ⅱ固定在动力输入轴端部,滑移齿轮上安装有拨叉,拨叉上固定有活塞,活塞尾部设有接近开关用于检测滑移齿轮是否到达正确位置。

　　刀盘转位机构主要由第二中间轴、刀盘驱动齿轮、动齿盘、定齿盘、锁紧齿盘和活塞构成,第二中间轴上的传动齿轮Ⅲ与动力切换齿轮Ⅰ相互啮合,第二中间轴另一端安装的传动齿轮Ⅳ与刀盘驱动齿轮相互啮合,动齿盘与刀盘驱动齿轮固定连接,刀盘驱动齿轮与齿轮轴为整体式结构,刀盘驱动齿轮外侧安装有接近开关;动齿盘上安装刀盘,箱体上安装定齿盘,锁紧齿盘安装在定齿盘与动齿盘对面并且与活塞固定连接,定齿盘、动齿盘、锁紧齿盘形成三联齿盘机构。

　　动力刀传动机构主要由第一中间轴、大齿轮、刀具驱动齿轮和刀具驱动件构成,第一中间轴上连接有与大齿轮啮合的传动齿轮Ⅱ,大齿轮与动齿盘同轴线布置,大齿轮同时与刀具驱动齿轮啮合,刀具驱动齿轮内孔和刀具驱动件外缘设有配合的内、外花键,刀具驱动件前端设有“一字形”接口,刀座动力输入端呈“一字形”凸起,刀具驱动件的“一字形”接口与刀座动力输入端的“一字形”凸起配合,刀具驱动件后端与活塞相连,活塞尾部设有接近开关。

　　这种刀架的优点是:

　　(1)该动力刀架的刀盘转位机构与动力刀具由同一台伺服电机驱动,可降低刀架的成本、重量和体积。

　　(2)伺服电机的电机轴与动力输入轴之间布置有力矩限制器,可有效防止伺服电机或传动部件过载损坏,增加了刀架的可靠性。

　　(3)采用液压系统控制离合装置、三联齿盘机构以及动力刀具的工作状态切换,系统反应迅速快、可靠性高、噪声小。

　　图 4.51 是单伺服电机驱动刀架整体结构示意图。图 4.52 是滑移齿轮离合装置结构示意图。图 4.53 是动力刀座连接关系示意图。

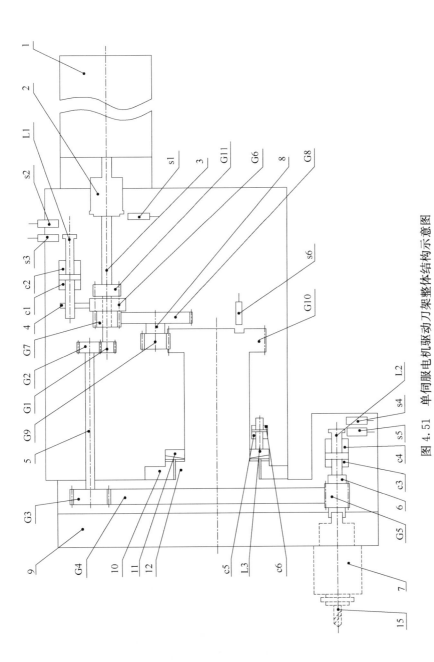

图 4.51　单伺服电机驱动刀架整体结构示意图

1-伺服电机;2-力矩限制器;3-动力输入轴;4-拨叉;5-第一中间轴;6-刀具驱动件;7-动力刀座;8-第二中间轴;9-刀盘;10-定齿盘;11-锁紧齿盘;12-动齿盘;15-动力刀具;s1-接近开关 I;s2-接近开关 II;s3-接近开关 III;s4-接近开关 V;s5-接近开关 IV;s6-接近开关 VI;L1-活塞 I;L2-活塞 II;L3-活塞 III;c1-油腔 I;c2-油腔 II;c3-油腔 III;c4-油腔 IV;c5-油腔 V;c6-油腔 VI;G1-动力切换齿轮 I;G2-传动齿轮 I;G3-传动齿轮 II;G4-大齿轮;G5-刀具驱动齿轮;G6-滑移齿轮;G7-动力切换齿轮 I;G8-传动齿轮 VI;G9-传动齿轮 III;G10-刀盘驱动齿轮;G11-输入轴刀盘侧齿轮

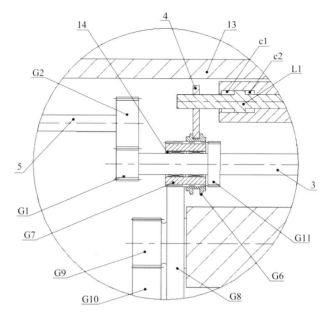

图 4.52　滑移齿轮离合装置结构示意图

3-动力输入轴；4-拨叉；5-第一中间轴；13-刀架箱体；14-滚针轴承；c1-油腔Ⅰ；

c2-油腔Ⅱ；L1-活塞Ⅰ；G1-动力切换齿轮Ⅱ；G2-传动齿轮Ⅰ；G6-滑移齿轮；

G7-动力切换齿轮Ⅰ；G8-传动齿轮Ⅲ；G9-传动齿轮Ⅵ；G10-刀盘驱动齿轮；G11-输入轴刀盘侧齿轮

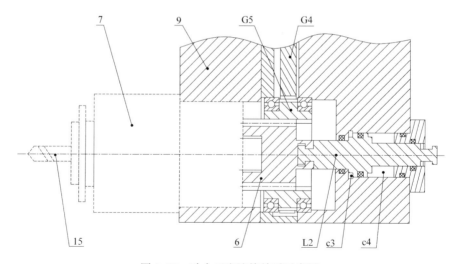

图 4.53　动力刀座连接关系示意图

6-刀具驱动件；7-动力刀座；9-刀盘；15-动力刀具；c3-油腔Ⅲ；

c4-油腔Ⅳ；L2-活塞Ⅱ；G4-大齿轮；G5-刀具驱动齿轮

如图 4.51 所示单伺服动力刀架,伺服电机通过力矩限制器与刀架本体的动力输入轴相连,通过接近开关Ⅰ测量力矩限制器上的传递力矩是否过载;力矩限制器传递的扭矩小于预先设置的值时,力矩限制器正常旋转,接近开关Ⅰ无感应信号;过载即扭矩大于预先设置的值时,力矩限制器内部结构产生打滑,接近开关Ⅰ产生感应信号。

如图 4.52 所示,滑移齿轮离合装置包括动力输入轴、输入轴刀盘侧齿轮、滑移齿轮、动力切换齿轮Ⅰ、动力切换齿轮Ⅱ、拨叉和活塞Ⅰ,动力输入轴上由内至外依次安装输入轴刀盘侧齿轮、滑移齿轮、动力切换齿轮Ⅰ,动力切换齿轮Ⅱ固定在动力输入轴的端部,动力切换齿轮Ⅰ与动力输入轴同轴线布置,动力切换齿轮Ⅰ通过滚针轴承套装在动力输入轴上,动力切换齿轮Ⅰ可与动力输入轴产生相对转动;输入轴刀盘侧齿轮、滑移齿轮、动力切换齿轮Ⅰ具有相同的齿数和模数,滑移齿轮是内啮合齿轮,输入轴刀盘侧齿轮、动力切换齿轮Ⅰ是与滑移齿轮配合的外啮合齿轮;滑移齿轮上安装有拨叉,拨叉上固定有活塞Ⅰ,活塞Ⅰ带动拨叉与滑移齿轮往复移动,活塞Ⅰ尾部设有接近开关Ⅱ和接近开关Ⅲ,用于检测活塞Ⅰ是否移动到正确位置(图 4.51)。

如图 4.51 所示,液压油由油腔Ⅰ流入时,活塞Ⅰ向 A 向移动,带动拨叉与滑移齿轮向 A 向移动,滑移齿轮同时与动力切换齿轮Ⅰ和输入轴刀盘侧齿轮啮合,伺服电机经过动力输入轴、输入轴刀盘侧齿轮、滑移齿轮将动力传递给动力切换齿轮Ⅰ;液压油由油腔Ⅱ流入时,活塞Ⅰ向 B 向移动,带动拨叉与滑移齿轮向 B 向移动,滑移齿轮此时仅与动力切换齿轮Ⅰ啮合,与输入轴刀盘侧齿轮脱离,动力输入轴旋转,动力切换齿轮Ⅰ与动力输入轴之间安装有滚针轴承,动力切换齿轮Ⅰ静止不动;滑移齿轮的往复移动通过接近开关Ⅱ和接近开关Ⅲ测量,活塞Ⅰ向 A 向移动,带动拨叉与滑移齿轮向 A 向移动,滑移齿轮同时与动力切换齿轮Ⅰ和输入轴刀盘侧齿轮啮合,接近开关Ⅱ产生感应信号,接近开关Ⅲ无感应信号;活塞Ⅰ向 B 向移动,带动拨叉与滑移齿轮向 B 向移动,滑移齿轮此时仅与动力切换齿轮Ⅰ啮合,与输入轴刀盘侧齿轮脱离,接近开关Ⅲ产生感应信号,接近开关Ⅱ无感应信号。

动力刀传动机构包括第一中间轴、大齿轮、刀具驱动齿轮和刀具驱动件。第一中间轴的一端部设有与动力切换齿轮Ⅱ相互啮合的传动齿轮Ⅰ,另一端安装有传动齿轮Ⅱ,传动齿轮Ⅱ与大齿轮相互啮合,大齿轮与刀盘同轴线安装,大齿轮另一侧与刀具驱动齿轮相互啮合;如图 4.53 所示,刀具驱动齿轮的内孔设有花键槽,刀具驱动件外缘设有与刀具驱动齿轮的花键槽相互配合的花键,刀具驱动件可在刀具驱动齿轮的花键槽内滑动;刀具驱动件前端设有“一字形”接口,刀座动力输入端呈"一字形"凸起,刀具驱动件的"一字形"接口与刀座动力输入端的"一字形"凸起配合;刀具驱动件后端与活塞Ⅱ相连,活塞Ⅱ尾部设有接近开关Ⅳ和接近开关Ⅴ。

液压油由油腔Ⅲ流入时,活塞Ⅱ向 A 向移动,带动刀具驱动件向 A 向移动,刀具驱动件与动力刀座脱离;液压油由油腔Ⅳ流入时,活塞Ⅱ向 B 向移动,带动刀具驱动件向 B 向移动,刀具驱动件与动力刀座接触,动力刀座上的动力刀在伺服电机的带动下,经过动力切换齿轮Ⅱ、传动齿轮Ⅰ、传动齿轮Ⅱ、大齿轮、刀具驱动齿轮间的啮合传动,以及刀具驱动齿轮与刀具驱动件上的花键连接传动实现旋转运动;刀具驱动件与动力刀座的接触或是分离状态由接近开关Ⅳ和接近开关Ⅴ进行测量,刀具驱动件和活塞Ⅱ向 A 移动,刀具驱动件与动力刀座脱离接触,接近开关Ⅳ产生感应信号,接近开关Ⅴ不产生感应信号;刀具驱动件和活塞Ⅱ向 B 移动,刀具驱动件与动力刀座接触,接近开关Ⅴ产生感应信号,接近开关Ⅳ不产生感应信号。

刀盘转位机构包括第二中间轴、刀盘驱动齿轮、动齿盘、定齿盘、锁紧齿盘和活塞Ⅲ。动力切换齿轮Ⅰ与滑移齿轮啮合,同时与第二中间轴上的传动齿轮Ⅲ相互啮合;第二中间轴另一端安装有传动齿轮Ⅳ;传动齿轮Ⅳ与刀盘驱动齿轮相互啮合;刀盘驱动齿轮安装在刀盘上;刀盘在伺服电机的带动下,经过动力输入轴、输入轴刀盘侧齿轮、滑移齿轮、动力切换齿轮Ⅰ、传动齿轮Ⅲ、传动齿轮Ⅳ和刀盘驱动齿轮的啮合传动实现旋转动作;刀盘驱动齿轮外侧设置有接近开关Ⅵ;刀架零位采用接近开关Ⅵ测量;非零位时,接近开关Ⅵ产生感应信号,零位时,接近开关Ⅵ无感应信号;刀盘驱动齿轮与刀盘相连,动齿盘上安装刀盘,锁紧齿盘空套在动齿盘上;定齿盘、锁紧齿盘和动齿盘同轴线布置,形成三联齿盘机构;定齿盘固定在刀架箱体上,锁紧齿盘与活塞Ⅲ固定连接,活塞Ⅲ的往复移动带动锁紧齿盘与动齿盘和定齿盘的相互接触与分离。

液压油由油腔Ⅴ流入时,活塞Ⅲ向 A 向移动,带动锁紧齿盘向 A 向移动,锁紧齿盘与动齿盘和定齿盘分离,刀盘由刀盘驱动齿轮驱动,在伺服电机的带动下旋转;液压油由油腔Ⅵ流入时,活塞Ⅲ向 B 向移动,带动锁紧齿盘向 B 向移动,锁紧齿盘与动齿盘和定齿盘接触,限制动齿盘和刀盘的旋转,对刀盘进行分度定位。

4.10　径向出刀双伺服刀架结构

一种典型的刀架结构[82]为径向出刀双伺服刀架结构。这种刀架的优点如下:

（1）刀架采用双伺服电机分别驱动刀盘转位和动力刀具，不仅可以进行车削，而且具有铣和钻削的功能。

（2）动力刀具和动力源的离合装置采用"一字形"槽和"一字形"凸起配合，离合结构简单，控制方便。

（3）刀盘驱动伺服电机和动力刀驱动伺服电机轴向相互垂直，整个刀架结构紧凑。

图 4.54 是径向出刀双伺服刀架的总体结构示意图。图 4.55 是图 4.54 的局部放大视图。图 4.56 是刀架的齿齿盘结构示意图。图 4.57 是刀架的动力刀座结构示意图。图 4.58 是刀架的离合装置示意图。

如图 4.54 所示，双伺服动力刀架包括刀盘、刀架箱体、刀盘驱动伺服电机、动力刀驱动伺服电机、刀盘转位传动机构和动力刀驱动传动机构。动力刀座固定在刀盘上，可随刀盘一同转动，刀盘安装在刀架箱体上，刀盘驱动伺服电机安装在刀架箱体的尾部，齿形啮合形式的刀盘转位传动机构两端分别连接刀盘驱动伺服电机和刀盘；动力刀驱动伺服电机安装在刀架箱体的一侧，其轴线方向与刀盘驱动伺服电机的轴线方向相互垂直，动力刀驱动传动机构两端分别连接动力刀驱动伺服电机和动力刀座上的动力刀具。

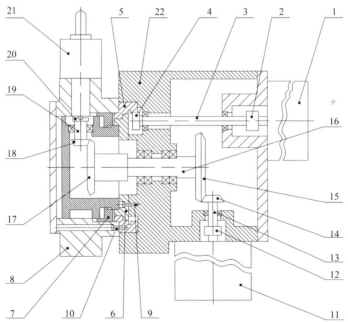

图 4.54　径向出刀双伺服刀架的总体结构示意图

1-刀盘驱动伺服电机；2-联轴器Ⅰ；3-刀盘驱动轴；4-齿轮；5-齿齿盘；6-定齿盘；7-锁紧齿盘；8-刀盘；
9-螺钉Ⅰ；10-螺钉Ⅱ；11-动力刀驱动伺服电机；12-联轴器Ⅱ；13-第Ⅲ传动轴；14-主动锥齿轮；
15-从动锥齿轮；16-第Ⅱ传动轴；17-竖直锥齿轮；18-水平锥齿轮；19-第Ⅰ传动轴；20-离合装置；
21-动力刀座；22-刀架箱体

刀盘转位传动机构包括刀盘驱动轴、齿轮、动齿盘、定齿盘、锁紧齿盘和刀盘。刀盘通过螺钉Ⅱ固定在动齿盘上,定齿盘通过螺钉Ⅰ固定在刀架箱体上,动齿盘与定齿盘同轴布置;如图4.55所示,锁紧齿盘安装在刀盘、动齿盘和定齿盘形成的空隙中,并与头部齿轮箱形成油腔Ⅰ和油腔Ⅱ,在液压油作用下往复移动;如图4.56所示,动齿盘一侧外部设置有齿牙,另一侧设有内齿,齿牙与定齿盘和锁紧齿盘上的齿牙构成三齿盘结构;刀盘驱动轴通过联轴器Ⅰ与刀盘驱动伺服电机相连,刀盘驱动轴另一端安装有齿轮,齿轮与动齿盘上的内齿相互啮合。

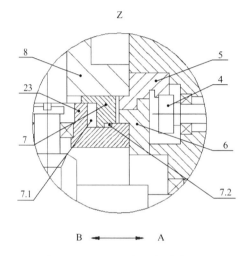
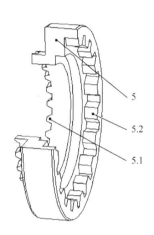

图4.55　图4.54的局部放大视图
4-齿轮;5-动齿盘;6-定齿盘;7-锁紧齿盘;7.1-油腔Ⅰ;
7.2-油腔Ⅱ;8-刀盘;23-头部齿轮箱

图4.56　刀架的动齿盘结构示意图
5-动齿盘;5.1-齿牙;5.2-内齿

动力刀驱动传动机构包括离合装置、第Ⅰ传动轴、第Ⅱ传动轴、第Ⅲ传动轴、水平锥齿轮、竖直锥齿轮、从动锥齿轮和主动锥齿轮。动力刀驱动伺服电机通过联轴器Ⅱ与第Ⅲ传动轴相连,第Ⅲ传动轴上安装有主动锥齿轮,从动锥齿轮与主动锥齿轮啮合,从动锥齿轮安装在第Ⅱ传动轴一端,第Ⅱ传动轴另一端安装有竖直锥齿轮,水平锥齿轮安装在第Ⅰ传动轴上并与竖直锥齿轮相互啮合,第Ⅰ传动轴另一端连接离合装置;如图4.57、图4.58所示,离合装置为阶梯柱状结构,一端开设有"一字形"槽,刀座动力输入端呈"一字形"凸起,以便实现槽与凸起的刀座动力输入端的扣合和分离,当动力刀座的动力刀座动力输入端滑入离合装置的槽内时,动力刀座的动力刀具可在离合装置的驱动下旋转,当刀盘转位时,前面的动力刀座输入端将滑出离合装置的槽,邻近的刀座动力输入端则会滑入离合装置的槽内。

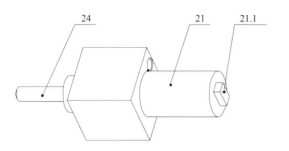 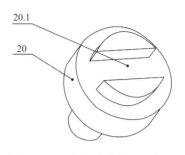

图 4.57　刀架的动力刀座结构示意图　　　　图 4.58　刀架的离合装置示意图

21-动力刀座；21.1-刀座动力输入端；24-动力刀具　　　　20-离合装置；20.1-槽

如图 4.55 所示，当液压油进入油腔 I 时，锁紧齿盘沿 A 方向移动，锁紧齿盘的齿牙分别与动齿盘上的齿牙和定齿盘上的齿牙接触，限制动齿盘的转动，从而实现与动齿盘固定的刀盘的定位；当液压油进入油腔 II 时，锁紧齿盘沿 B 方向移动，锁紧齿盘的齿牙与动齿盘的齿牙及定齿盘的齿牙脱离，固定在动齿盘上的刀盘可随动齿盘在刀盘驱动伺服电机和刀盘转位传动机构的驱动下旋转，实现刀盘的转位。

动力刀座安装在刀盘上，动力刀座随刀盘转位到工作位置时，动力刀座的刀座动力输入端滑入离合装置的槽内；离合装置安装在第 I 传动轴上，第 I 传动轴的另一端安装有水平锥齿轮，竖直锥齿轮与水平锥齿轮相互啮合，两齿轮轴线垂直，竖直锥齿轮安装在第 II 传动轴上，第 II 传动轴的另一端安装有从动锥齿轮，主动锥齿轮与从动锥齿轮啮合安装，主动锥齿轮安装在第 III 传动轴上，第 III 传动轴的另一端通过联轴器 II 与动力刀驱动伺服电机的轴相连；动力刀驱动伺服电机通过主动锥齿轮与从动锥齿轮及竖直锥齿轮与水平锥齿轮的相互啮合所构成的二级锥齿轮传动机构驱动离合装置，再通过离合装置与动力刀座的配合驱动动力刀座上的动力刀具实现钻孔、铣削等功能。

4.11　直驱式伺服刀架结构

车削加工中心及车铣复合加工中心是航空、航天、军工等工业领域的重要加工设备。数控刀架是车削加工中心及车铣复合加工中心的核心功能部件，其性能和结构直接影响机床的切削性能和切削效率，体现了机床的设计和制造水平。针对现有数控刀架的缺陷与不足，不断发展出现了一种直驱式伺服刀架。国内公开了一种典型的刀架结构[83]，该种刀架包括外壳体、力矩电机、盘形连接件、主轴、动齿盘、定齿盘和锁紧齿盘，刀架由力矩电机直接驱动，力矩电机位于刀架后端，力矩电机定子固定在外壳体上，力矩电机转子通过盘形连接件与主轴后端固定，动齿盘与主轴前端固定,定齿盘固定在外壳体上,锁紧齿盘套装在主轴上并与动齿盘、定齿盘配合安装构成三联齿盘机构。

该种刀架的优点是:

(1)力矩电机通过主轴直接驱动刀盘,省去了齿轮机构、蜗杆机构、凸轮机构等中间传动、变速环节,避免了传动件之间的间隙带来的传动误差,有效提高了刀架的可靠性和精度。

(2)刀架结构简单紧凑、占用空间小,维护成本低。

(3)刀架传动部分的转动惯量降低,提高了传动效率,运行平稳,噪声小。

(4)力矩电机采用冷却水套进行水冷,冷却水套上设环形凹槽,增加了冷却水道的长度,使定子冷却更加均匀,有效减少热变形。

图4.59是直驱式伺服刀架的整体结构示意图。图4.60是直驱式伺服刀架的主轴与动齿盘装配示意图。图4.61是直驱式伺服刀架的冷却水套结构示意图。图4.62是三联齿盘机构啮合示意图。图4.63是三联齿盘机构分离示意图。

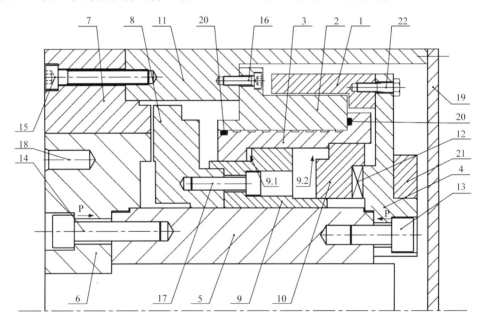

图4.59　直驱式伺服刀架的整体结构示意图

1-力矩电机转子;2-力矩电机定子;3-冷却水套;4-盘形连接件;5-主轴;6-动齿盘;7-定齿盘;
8-锁紧齿盘;9-前活塞;9.1-油腔Ⅰ;9.2-油腔Ⅱ;10-后活塞;11-外壳体;
12-滚针动力轴承Ⅰ;13-螺栓Ⅰ;14-螺栓Ⅱ;15-螺栓Ⅲ;16-螺栓Ⅳ;
17-螺栓Ⅴ;18-刀盘安装螺纹孔;19-后端盖;20-圆形密封圈;
21-角度编码器;22-螺栓Ⅵ

下面对刀架结构进一步说明:

如图 4.59～图 4.61 所示,直驱式伺服刀架包括外壳体、力矩电机、盘形连接件、主轴、动齿盘、定齿盘和锁紧齿盘;外壳体后端设有后端盖;刀架由低速、大扭矩、外转子力矩电机直接驱动,力矩电机位于刀架后端,力矩电机定子通过螺栓Ⅳ固定在外壳体上,力矩电机转子通过螺栓Ⅵ与盘形连接件固定;盘形连接件通过螺栓Ⅰ与主轴后端固定,通过主轴的花键实现周向定位,其右端设有角度编码器,用于检测刀盘位置并将信号实时反馈至刀架控制器;动齿盘外侧设有刀盘安装螺纹孔,用于安装刀盘,并通过螺栓Ⅱ与主轴前端固定,动齿盘与主轴通过主轴的花键实现周向定位,动齿盘设置在定齿盘的中心孔内,与定齿盘过渡配合,定齿盘与动齿盘之间安装有滚针推力轴承Ⅱ和调整垫片;滚针推力轴承Ⅱ用于承受轴向载荷,调整垫片用于安装时调整动齿盘与定齿盘的高度;定齿盘通过螺栓Ⅲ固定在外壳体上,锁紧齿盘通过其中心孔套装在主轴上并与动齿盘、定齿盘齿形相对配合安装构成三联齿盘机构,由此实现刀盘的锁紧定位。

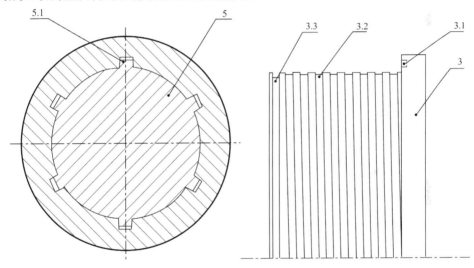

图 4.60　刀架主轴与动齿盘装配示意图　　　图 4.61　刀架的冷却水套结构示意图
5-主轴;5.1-花键　　　　　　　　　　3-冷却水套;3.1-后密封槽;
　　　　　　　　　　　　　　　3.2-环形冷却水槽;3.3-前密封槽

力矩电机定子左端设有凸缘,压紧左端密封圈,力矩电机定子中心孔内设有冷却水套,冷却水套上开设环形凹槽,冷却水套与力矩电机定子之间形成环形冷却水槽,冷却水套两端设置有前密封槽和后密封槽并设圆形密封圈密封。

冷却水套与主轴的空腔内设有前活塞、后活塞;前活塞与后活塞之间安装有一个定位销,防止前活塞、后活塞相对转动;锁紧齿盘通过螺栓Ⅴ与前活塞固定;前活塞与冷却水套内凸缘形成油腔Ⅰ;后活塞套装于前活塞的凸缘上;两活塞之间形成油腔Ⅱ;前活塞在液压力的推动下可以带动锁紧齿盘前后移动;后活塞与盘形连接件之间设置有滚针推力轴承Ⅰ,用于承受后活塞的轴向载荷。

如图 4.59 所示,开机时,油腔Ⅰ内的油压上升推动前活塞与锁紧齿盘向右运动,同时油腔Ⅱ回油;当三联齿盘分离(图 4.63),力矩电机转子驱动盘形连接件、主轴、动齿盘和刀盘旋转。当角度编码器检测到刀盘转到理想位置时,力矩电机停止转动,刀盘实现了初定位,此时,油腔Ⅱ内的油压上升推动前活塞与锁紧齿盘向左运动,同时油腔Ⅰ回油;当三联齿盘啮合(图 4.62),刀盘实现了精确定位,可进行切削动作。

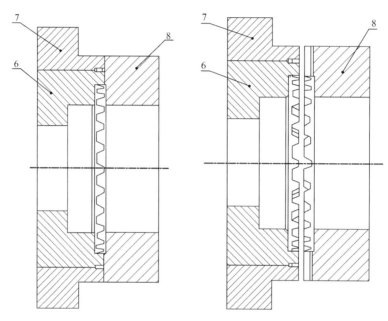

图 4.62　三联齿盘机构啮合示意图　　图 4.63　三联齿盘机构分离示意图
6-动齿盘;7-定齿盘;8-锁紧齿盘　　　　　6-动齿盘;7-定齿盘;8-锁紧齿盘

4.12　含 Y 轴动力刀架结构

国外公开了一种典型的刀架结构[84],该结构是一种典型的具有 Y 轴功能的动力刀架,该种刀架结构主要包括:机床支撑件;刀架箱体;安装在机床支撑件上,可以在一定角度定位在刀架箱体上的塔头;用于将刀具安装在塔头上的刀具安装部位;用于支撑刀架箱体的滑板,引导刀架箱体相对机床沿 Y 轴方向运动;用于引导滑板运动的导轨;用于调节滑板位置的调节垫;滑板盘,作为滑板的一部分,沿 Y 轴和 X、Z 轴的方向延伸,位于刀架箱体和滑板导轨之间,旋转轴平行。

刀架箱体安装在滑板盘上,通过导向装置移动,不需要改动刀架箱体。刀架箱体通过螺钉固定在滑板盘上,与横向滑板相同。刀架安装在滑板上,旋转轴可沿 X 轴方向延伸。

在该种刀架中,滑板盘由基盘连接在机床上,两个侧面竖直垂直于基盘。基盘上有滑板导向装置,导向装置采用偏置滚子导轨。基盘上一定距离有安装盘连接在侧壁上。安装盘由轴承用力支撑主轴。轴承一定距离处有电机,电机在两个导向装置杆之间用来驱动主轴。主轴不可轴向滑动,安装在支撑轴承上。伺服电机可用来驱动主轴。主轴同样可采用齿形带传动。丝杠螺母两侧有第一、第二调整垫。刀架上设有结构简单的限位开关,用于在极限位置上切断电机或使电机转向。实例中调整垫结构采用了碟簧用于高效地调整位置。

图 4.64 为含 Y 轴动力刀架的左视图;图 4.65 为含 Y 轴动力刀架的后视图,是按图 4.64 刀盘方向看的视图。图 4.66 为含 Y 轴动力刀架的上视图。图 4.67为图 4.64 去掉上盖的局部放大上视图。图 4.68 为图 4.64 去掉刀盘的左视图。

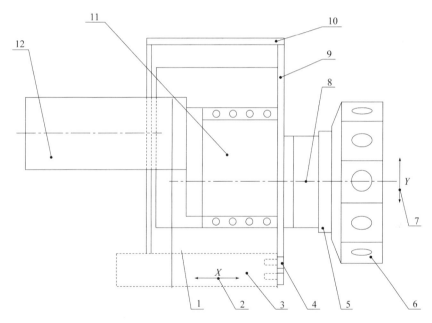

图 4.64　含 Y 轴动力刀架的左视图

1-基盘;2-X 轴;3-支撑件;4-螺纹件;5-塔头;6-刀面;7-Y 轴;

8-旋转轴;9-加强板;10-盖板;11-刀架箱体;12-电机

刀架结构具体阐述如下:

如图 4.64～图 4.66 所示,机床用刀架,安置在滑板上,可沿 X 轴方向、Z 轴方向和 Y 轴方向移动。X 轴和 Z 轴可以被调换。刀架有一个滑板,滑板上有基盘用于将其安装在支撑件上,并用螺钉 I 固定。侧壁与基盘相连,并垂直于基盘,侧壁间互相平行。直线轨道固定在侧壁上,通常采用偏置磙子引导滑轨沿 Y 轴方向移动。

　　滑板通过线轨纵向引导,滑轨上有四个导向元件与直线导轨和滑板(图 4.67)配合使用。滑板采用螺钉与导向元件相连。在垂直平面内刀架箱体和滑板一同沿 Y 轴方向移动(上下移动)。

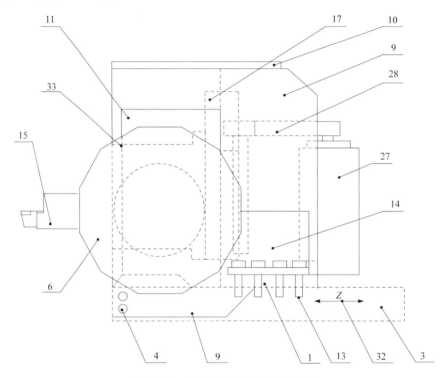

图 4.65　含 Y 轴动力刀架的后视图

1-基盘;3-支撑件;4-螺纹件;6-刀面;9-加强板;10-盖板;11-刀架箱体;13-螺钉Ⅰ;
14-侧壁;15-刀座;17-滑板;27-伺服电机;28-齿形带;32-Z 轴;33-支架

　　丝杠螺母连接在滑板上,丝杠螺母在导向元件之间与滑板相连。丝杠螺母的纵轴沿 Y 向延伸。在丝杠螺母和导向元件之间,两个调整垫片沿直径方向安装在丝杠螺母的纵轴偏移位置上,并置于主轴和直线导轨之间,如图 4.67 所示。调整垫片用于调整滑板的位置。

　　如图 4.68 所示,调整垫片的端部顶在滑板上,螺钉Ⅱ可移动地安装在丝杠螺母上。螺钉Ⅱ超越丝杠螺母的两端部延伸,并可克服碟簧组的力的作用并移动。螺钉Ⅱ的端部与安装在侧壁的下接触面对齐。丝杠螺母被主轴在 Y 方向上贯穿。主轴的上端部可旋转地安装在滚子轴承上。滚子轴承安装在安装盘上,安装盘通过螺钉安装在侧壁的上边缘部位。

　　安装盘延伸出侧壁的边缘,远离滑板。伺服电机以法兰的方式从下向上安装在安装盘远离滑板的端部上。伺服电机轴的延伸方向与主轴轴向平行,并向上超

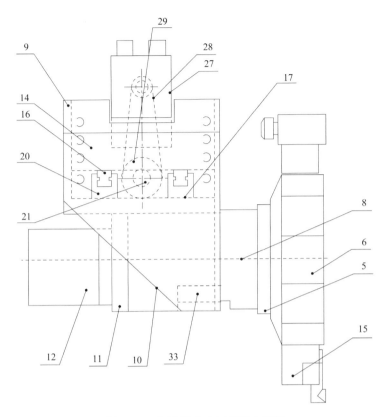

图 4.66　含 Y 轴动力刀架的上视图

5-塔头；6-刀面；8-旋转轴；9-加强板；10-盖板；11-刀架箱体；12-电机；14-侧壁；15-刀座；
16-直线导轨；17-滑板；20-导向元件；21-主轴；27-伺服电机；28-齿形带；29-带轮；33-支架

过安装盘。电机轴的上端支撑驱动带轮。齿形带一端绕过驱动带轮，另一端连接在带轮上，带轮通过滚子轴承安装在主轴上。

　　基盘的两侧端边缘与滑板相互垂直，在竖直面上有加强板，并与侧壁相互平行，与滑板相互垂直。两个加强板固定连接在基盘和侧壁上。如图 4.67 所示，一个加强板延伸到滑板上。如图 4.65 和图 4.67 所示，另一个加强板包括延伸出滑板并向下超过基盘的底部部分。底部部分超过基盘的底部，可与支撑件通过螺纹连接在一起，如图 4.64 和图 4.65 中的两个螺纹件所示。

　　如图 4.68 所示，限位开关安装在高于安装盘的加强板上。限位开关与凸点联合使用。凸点固定在滑板上，接近滑板的导向件，与限位开关对齐用于激励限位开关。限位开关单元相对加强板固定。

　　盖板在水平面上，高于两个加强板，并通过螺钉与加强板连接在一起，如图 4.66所示。盖板高出滑板一定距离，在滑板远离直线导轨一侧。盖板端部远离

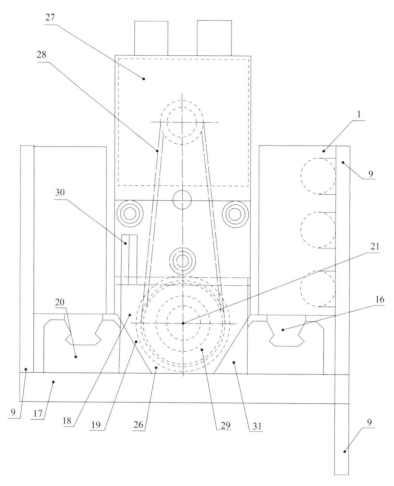

图 4.67　图 4.64 去掉上盖的局部放大上视图

1-基盘;9-加强板;16-直线导轨;17-滑板;18-丝杠螺母;19-调整垫片;20-导向元件;

21-主轴;26-安装盘;27-伺服电机;28-齿形带;29-带轮;30-限位开关;31-凸点

滑板,通过支架连接在侧壁的凸出部位上,向下超过基盘。支架通过加强板连接在盖板上。这样完成附加加强板的安装。

　　传统刀架箱体上可转动安装有塔头,并通过锁紧元件将塔头按一定角度定位在箱体上。刀架箱体直接紧固在远离滑板导向装置的滑板上。刀架箱体通过螺钉连接在滑板上,塔头的旋转轴沿 X 轴方向延伸。塔头的旋转轴也可以沿 Z 轴方向延伸。塔头有刀面用于安装和支撑刀具、刀座或者是动力头。

　　如图 4.64 和图 4.66 所示,刀架箱体安装在滑板和支架之间,向外超过一个加强板。刀架箱体在远离导向元件侧连接到滑板上。盖板部分盖住刀架箱体的上部。加强板接近刀架引导处有塔头的伸出切口。加强板从下方支撑刀架箱体。电

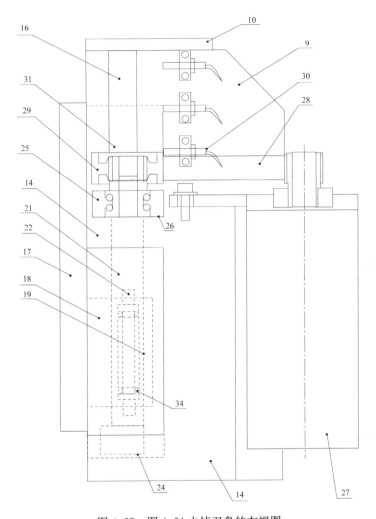

图 4.68　图 4.64 去掉刀盘的左视图

9-加强板；10-盖板；14-侧壁；16-直线导轨；17-滑板；18-丝杠螺母；19-调整垫片；21-主轴；
22-螺钉Ⅱ；24-侧壁的下接触面；25-滚子轴承；26-安装盘；27-伺服电机；28-齿形带；29-带轮；
30-限位开关；31-凸点；34-碟簧组

机安装在刀架箱体远离塔头一侧。

　　如果安装主轴的误差补偿元件，可以得到更精确的滑板以及塔头的位置。如
图 4.67、图 4.68 所示，如果达到位置极限，凸点和限位开关会产生控制信号，切断
伺服电机，或者让伺服电机转向。端部调节垫可以使限位开关高效地探测凸点。
其中一个极限开关用于作为参考点。

4.13　回转式刀座

下面介绍一种典型的刀座结构[85]，动力刀具轴线与动力刀座轴线正交。该刀架上有刀盘，刀座安装在刀盘上，动力刀具安装在刀座上，刀盘内部的驱动装置驱动刀盘上的刀具旋转，机床主轴上的卡盘把持工件（图中未显示），通过刀架进行工件的加工操作。

对于一般车床刀盘，机床主轴的轴线方向与 Z 轴平行，并与 X 轴正交，刀盘可沿 Z 轴或 X 轴方向移动。动力刀具在刀盘上的安装要确保 Y 轴方向对心，这样就需要调整刀座使刀尖经过机床主轴的中心线，从而确保加工状态。

图 4.69 为回转式动力刀座的截面图，图 4.70 为回转式动力刀座的主视图，图 4.71为回转式动力刀座的后视图，图 4.72 为Ⅳ向视图。图 4.73 为齿冠的加工示意图。图 4.74 为图 4.69 刀座使用示意图。图 4.75 为刀座刀盘与主轴关系示意图。

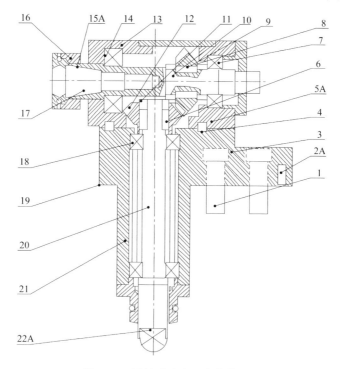

图 4.69　回转式动力刀座的截面图

1-螺栓；2A-键槽Ⅰ；3-法兰；4-键Ⅰ；5A-接触面Ⅰ；6-键Ⅱ；7-轴承Ⅰ；8-锥齿轮Ⅰ；
9-键Ⅲ；10-刀座主轴；11-盖Ⅰ；12-锥齿轮Ⅱ；13-主轴箱体；14-轴承Ⅱ；15A-孔Ⅰ；
16-夹紧螺丝；17-弹簧卡头；18-轴承Ⅲ；19-刀座本体；20-驱动轴；21-柄；22A-爪

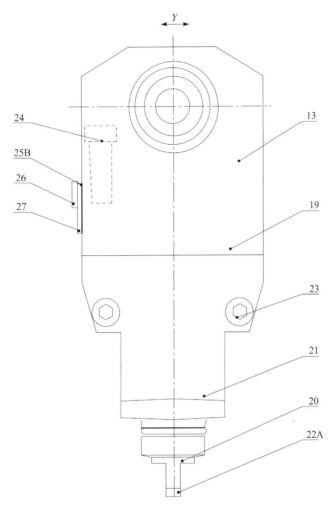

图 4.70　回转式动力刀座的主视图
13-主轴箱体;19-刀座本体;20-驱动轴;21-柄;22A-爪;
23-螺钉Ⅰ;24-螺钉Ⅱ;25B-沟槽;26-调整螺丝;27-止动件

　　机床的刀盘上安装有刀座本体,主轴箱体内的刀座主轴的轴线与刀座本体内的驱动轴的轴线相互正交。机床通过驱动轴、锥齿轮Ⅰ和锥齿轮Ⅱ,刀座主轴将动力传递给刀具,实现工件切削。齿冠的加工过程中,从中间部位向两边进行了减薄处理,回避了应力集中现象。允许锥齿轮在一定程度上偏心,这样方便主轴箱体与刀座本体在 Y 轴方向的位置调节,以便使刀具的刀尖能与机床主轴重合。通过键Ⅰ调整刀座本体和主轴箱体之间的位置,可实现主轴箱体的正确位置变化。机床主轴的轴线方向(Z 轴方向)与刀具移动方向(X 轴方向)正交,刀座Ⅰ安装在刀盘上，机床主轴的轴线与刀座主轴方向以及回转动力刀具的方向平行。通过驱动轴、一对锥齿轮Ⅰ和Ⅱ，刀座主轴将动力传递给刀具，通过调整刀座本体和主轴箱体之间的键Ⅰ，在 Y 轴方向上调整刀具位置。

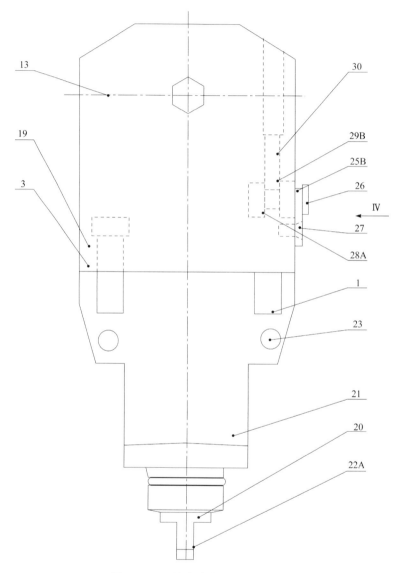

图 4.71 回转式动力刀座的后视图

1-螺栓；3-法兰；13-主轴箱体；19-刀座本体；

20-驱动轴；21-柄；22A-爪；23-螺钉Ⅰ；25B-沟槽；

26-调整螺丝；27-止动件；28A-环形槽；29B-孔Ⅱ；30-销

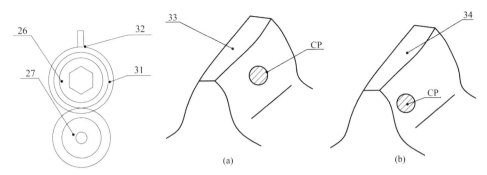

图 4.72　Ⅳ向视图
26-调整螺丝；27-止动件；
31-元件；32-相对基准线

图 4.73　齿冠的加工示意图
33-齿部Ⅰ；34-齿部Ⅱ；CP-啮合点

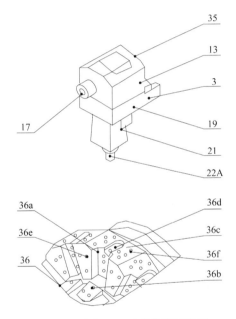

图 4.74　图 4.69 刀座使用示意图
3-法兰；13-主轴箱体；17-弹簧卡头；19-刀座本体；21-柄；22A-爪；35-刀座Ⅰ；
36-刀盘；36a-槽；36b-盖Ⅱ；36c-接触面Ⅱ；36d-键槽Ⅱ；36e-孔Ⅲ；36f-孔Ⅳ

　　图 4.69～图 4.73 为动力刀座Ⅰ的详细示意图，图 4.74 为动力刀座的使用示意图。图 4.74 所示，动力刀座Ⅰ安装在刀架的刀盘的槽上，刀盘的盖Ⅱ内侧有为回转动力刀具上弹簧卡头提供动力的驱动装置（图中未表示）。刀盘和机床主轴的关系如图 4.75 所示，刀盘可沿 Z 轴和 X 轴方向移动，工件可沿 Z 轴旋转。

　　如图 4.69 和图 4.70 所示，动力刀座Ⅰ有刀座本体、接触面Ⅰ、主轴箱体。刀座本体有断面为矩形的柄，柄的后方有法兰，法兰下方有键槽Ⅰ。刀座Ⅰ如

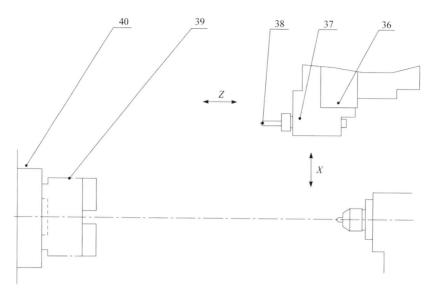

图 4.75　刀座刀盘与主轴关系示意图
36-刀盘；37-刀座；38-动力刀具；39-卡盘；40-机床主轴

图 4.74所示，柄安装在槽上。法兰连接在刀盘的接触面Ⅱ上。键槽Ⅰ与刀盘的键槽Ⅱ通过键嵌合在一起。柄的两侧装有两根螺钉Ⅰ（图 4.70），法兰上装有四根螺栓（图 4.69）。图 4.74 所示的刀盘的孔Ⅲ、Ⅳ上安装刀座Ⅰ。

　　如图 4.69 和图 4.70 所示，柄内部有一对轴承Ⅲ，轴承Ⅲ支撑驱动轴。驱动轴的一端（图 4.69 中的下端）有柄的凸出部分，凸出部分为平板状的爪。爪如图 4.74 插入刀盘的盖Ⅱ内侧，与内部的刀具驱动轴上的槽嵌合。这样刀盘内部的机构就可以给驱动轴提供动力，刀座Ⅰ安装在刀盘上，驱动轴的轴线方向与刀盘的直径方向一致。

　　驱动轴的一端（图 4.69 中的上端）有凸出接触面Ⅰ的锥齿轮Ⅱ。锥齿轮Ⅱ通过键Ⅱ与驱动轴一同旋转。驱动轴的端部有防止锥齿轮Ⅱ拔出的盖Ⅰ。主轴箱体内部有轴承Ⅱ和Ⅰ支撑刀座主轴。主轴箱体通过接触面Ⅰ、四个螺钉Ⅱ（图 4.70 中只画出 1 个）与刀座本体接触连接。主轴箱体和接触面Ⅰ上，沿图 4.70 中的 Y 方向上有一对键Ⅰ。取出螺钉Ⅱ的条件下，主轴箱体和键Ⅰ可沿 Y 方向上调整位置。

　　刀座主轴上有锥齿轮Ⅰ。锥齿轮Ⅰ与驱动轴上的锥齿轮Ⅱ相互啮合，实现驱动轴向刀座主轴的动力传递。锥齿轮Ⅰ和刀座主轴之间有键Ⅲ。刀座主轴的前端（图 4.69 中的左端）有夹紧螺丝，夹紧螺丝的内部有弹簧卡头。夹紧螺丝拧紧过程中，弹簧卡头的内径变小，可以夹紧刀具。相反，松开弹簧卡头，可取出刀具。

　　图 4.70 和图 4.71 所示，刀座本体的一侧有调整螺丝，轴线方向与 Y 方向一

致。调整螺丝的外周有环形槽和沟槽。为了使刀座本体相对主轴箱体在 Y 方向位置可调,孔 II 比销大。调整螺丝旋转,销推动主轴箱体在 Y 方向时移动。调整螺丝的沟槽旁,在刀座本体侧面固定有止动件,可以设置 Y 方向的间隙。图 4.72 为调整螺丝的端面图,与元件距离一定间隔。元件和刀座本体相对基准线设置,控制主轴箱体的移动量。上述的刀座 I,松开螺钉 II 和调整螺丝,主轴箱体沿键 I 移动。弹簧卡头夹持动力刀具沿 Y 方向变化位置消除对心偏差。接下来,驱动轴通过一对啮合的锥齿轮 I 和 II 向刀座主轴传递动力。主轴箱体和刀座本体相对 Y 方向移动,带动锥齿轮 I 和 II 沿 Y 方向移动。

如图 4.73 所示齿轮的啮合点向端部偏移,会降低齿轮的寿命,增加噪声的产生。锥齿轮 II 和 I 的齿部 I 和 II 的加工,对心齿轮接触点在中央,可以防止异常磨损和噪声的产生。当齿轮的接触点有 Y 方向偏移的话,会减少接触面积,增大接触压力。发明者为了改进设计方案,采用对比试验,取模数 2.5、齿数 17、宽度 10mm 的齿轮做试验,齿冠变化量为 0.07mm,主轴箱体在 Y 方向移动量为 ± 0.1mm。刀座采用锥齿轮传动,输入轴和输出轴正交,刀座内部零件少,结构简单,降低制造费用,结构小型化可有效防止切削过程中的干涉现象,扩大动作范围。

4.14 具有旋转锁紧结构动力刀架结构

国外公开了一种典型的刀架结构[86],这种动力刀架使用动力刀座。刀架具有一个便于安装旋转主轴的箱体。主轴旋转锁紧装置包括一个可纵向滑动但不能转动的套。套上有一个固定元件,用于限制套相对箱体沿锁紧方向的轴向移动。没有旋转锁紧装置的动力头,主轴上没有连接简单的锁紧装置。该动力头的主轴在没有与离合器相连时同样可以绕轴旋转。一般的动力头,套的一端有径向的环形凸出法兰,法兰或者采用螺钉轴向连接或者用固定件轴向限位。箱体有孔或者沟槽用来安装螺钉或者固定结构。因此主轴保留预定的旋转设置,不与驱动轴相连。该结构不仅没有无故障联轴器,而且还会产生主轴的无意旋转。因此普通的动力头旋转锁紧结构可能会被误用,可能会导致螺钉或者固定结构的损坏,主轴将不能与箱体对齐。

该动力头具有旋转锁紧结构,锁紧结构不会面临损坏的危险。与主轴连接的套,可相对主轴轴向滑动但不能转动,套上有第二固定件,与第一固定件在工作状态上配合使用,通过第一和第二固定件,套相对于箱体的轴向运动被限制在单方向上;偏置弹簧从一个轴向方向上顶在套上,但允许套克服弹簧弹力作用下的轴向移动,分离第一、第二固定元件;第一、第二固定件配合表面工作状态下没有自锁结构,第一、第二固定件至少有一个元件表面为轴向倾斜表面。

图 4.76 为动力头的局部侧面剖视图;图 4.77 为动力头沿图 4.76 III-III 方向的

侧视剖视图;图4.78为动力头沿图4.77Ⅱ-Ⅱ方向的侧视剖视图;刀架动力头有主轴可旋转,但不能轴向滑动地安装在箱体内部。主轴的一端轴向伸出箱体的端部,有两个主轴锥面,作为扳手空间,主轴的端部上有夹钳或者是卡头,通过调节拧紧螺母夹紧旋转刀具。主轴的第二端部伸出箱体的另外一端,主轴在该端部上有花键轴(图4.78)。花键轴上有可轴向移动套。轴向移动套上有内花键与花键轴上的外花键啮合连接在一起。如图4.77和图4.78所示,齿位于轴向移动套的外根部,该齿轴向延伸,并被限制在圆周上角度法兰Ⅰ和Ⅱ之间。齿成梯形形状。轴上两个角度法兰Ⅰ和Ⅱ的角度对齐轴,角度大于自锁区域的角度。实例中两个角度法兰Ⅰ和Ⅱ与轴的角度为30°,形成一个两边对称的60°结构。

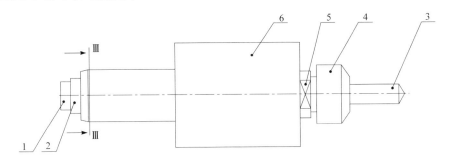

图 4.76　动力头的局部侧面剖视图

1-主轴;2-轴向移动套;3-旋转刀具;4-拧紧螺母;5-主轴锥面;6-箱体

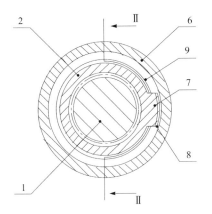

图 4.77　动力头沿图 4.76Ⅲ-Ⅲ方向的侧视剖视图

1-主轴;2-轴向移动套;6-箱体;7-齿;8-法兰通槽;9-花键轴

　　箱体端部的内法兰与齿连接,内法兰上有法兰通槽。法兰通槽为矩形截面。两个法兰面Ⅰ和Ⅱ为圆周向限制槽,并与轴向平行。如图4.78所示,两拱形法兰面Ⅰ和Ⅱ间的沿法兰方向的距离小于齿的根部宽度,但大于齿顶部的宽度。齿仅

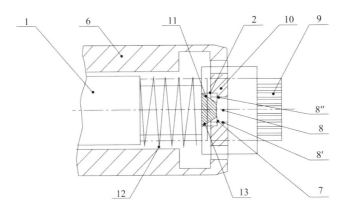

图 4.78 动力头沿图 4.77Ⅱ-Ⅱ方向的侧视剖视图
1-主轴;2-轴向移动套;6-箱体;7-齿;8-法兰通槽;8′-法兰面Ⅰ;8″-法兰面Ⅱ;
9-花键轴;10-内法兰;11-角度法兰Ⅰ;12-预压圆柱弹簧;13-角度法兰Ⅱ

能一部分轴向穿透法兰通槽。这样齿与法兰通槽配合时,在法兰面Ⅰ和Ⅱ双侧都不会产生间隙。预压的圆柱弹簧安装在主轴的外周,并压住肩部。另一端顶住套的箱体内部的表面。弹簧、套、齿和法兰通槽用于保持旋转的锁紧,工作状态下,主轴与箱体保持一个精确的位置关系。

当主轴上的锥面拧开时,钳口松开。旋转锁紧装置只能传递一定限度的扭矩。扭矩极限受到弹簧力、法兰面Ⅰ和Ⅱ以及角度法兰Ⅰ和Ⅱ夹角的影响,并保证不破坏齿上的角度法兰Ⅰ和Ⅱ以及法兰面Ⅰ和Ⅱ。由于当旋转扭矩超过预定值后,齿和法兰通槽之间没有自锁结构,齿拉向法兰通槽,套克服圆柱弹簧的压力,进一步推向箱体,直到齿从法兰通槽内完全脱离。箱体的内法兰的内径要能保证,有花键轴的主轴未插入套之前,套能从箱体的端部插入箱体的内部。因为弹簧同样可以从主轴上由花键轴的端部插入主轴,便于装配。内法兰可以与箱体做成一个整体件。因此,内法兰为了简化结构,无需做成通过螺钉安装在箱体上的盖的结构。

4.15 含冷却装置动力刀架结构

国外公开了一种典型的刀架结构[87],这种刀架特别适用于需要高压冷却的机床。当工作面处于工作状态,阀将冷却液导入刀具。在刀盘转位过程中,阀间断供应冷却液。阀具有一个与刀架相对静止的阀体。阀有一个可移动的出液口。阀通过阀座向刀具供应冷却液。

每个工作位置阀体与阀通道对齐。阀体嘴部区域的排出开口和阀座的阀通道的嘴部区域被配置为密封结构。一个弹簧支撑在阀壳体内,对阀体施加阀座反方向力,因此,密封面与阀座表面上至少有部分彼此接触。工具面旋转后阀座推力沿着阀体的座表面,直到下一个阀通道对准。

在实际应用中,污染物可以很容易地进入阀体密封表面和座表面。因此,阀就不能完全密封。此外,阀体受这些污物或颗粒影响下,将产生相当大的磨损。

上述结构的阀用于可相对移动的两个部件之间。第一部件有一个阀壳,第二部件有一个阀座。阀主体可移动地安装在阀壳体内,并在密封面上有一个排放口。密封表面具有一个区域,该区域相邻第一部件上的排放口,排放口方向是第一部件和第二部件相对运动的方向。刮削器安装在阀壳体。所采用的阀座有阀座表面和阀孔,阀孔通道朝向阀座表面。该阀在相对运动过程中,污染物不能进入密封面与阀座表面,而密封表面直径比相对运动件出水孔的直径大,在运动过程中可以获得较紧密的密封效果,并减小磨损的发生。

如果在阀体内的排出开口处配置一个喷嘴,与现有结构相比,就可以实现大剂量、高压冷却液的供给。这一特点可用于内冷刀具,在刀具的中心有冷却通道,在工作位置时,该通道需要通以冷却液。阀体安装在刮削板内,并被刮削板包裹,在运动过程中,刮削板可将污染物与阀体隔离。弹簧压缩后安装在刮削器和阀体上,当较小压力冷却液流经阀体时,将更加有力。当有高压冷却剂流过时,密封表面和阀座表面的连接也更有效。阀体和刮削器之间有辅助腔室,辅助腔室通过节流缝隙与内部腔室相连。该腔室的优点是:当内部腔室有压力波动时,辅助腔室可以起延迟作用。采用辅助腔室,作用在阀体和刮削板上的力会出现不同。刮削板具有硬度,其优点是增加刮削板的寿命,因为刮削板是高磨损件。

如图 4.79 所示,阀的静止部分为一个缸体状阀壳体,比较适合采用铝制造。刀架的箱体也可直接用来做阀的壳体。在一个垂直于阀轴延伸的两个接口或侧表面,阀壳体是通的。在出口处,阀壳体与阀座之间对齐。阀座是与静止件可产生相对运动的刀具安装件的一部分。阀壳体上具有入口。冷却液通过这入口进入阀体,被输送到阀壳体的内部腔室。内部腔室大致是圆筒形状,与阀壳体的轴向一致。腔室远离阀座,阀壳体的端部有阀面,阀面与轴垂直并成阶梯状。

一个基本上呈中空圆柱形刮削器被布置在阀壳体上。刮削器与阀壳体间可轴向移动,并在阀壳体的内表面上被引导。第一密封环用来在刮削器和阀壳体的内表面之间密封。第一压力弹簧在刮削器的端部和阀面之间安装,用来对刮削器施加预紧力。第一压力弹簧的使用将刮削器紧顶在阀座上,刮削器应采用硬材料制造。

阀的另一个组成部分是一个中空的阀主体,安装在阀壳体内可轴向移动。阀主体优选耐磨材料制造,与刮削器同轴布置,并可相对于刮削器轴向移动。阀主体的形状使阀主体可在刮削器的内表面被引导。阀主体和刮削器之间通过密封件密封。第二压力弹簧安装在阀主体端部和阀面之间,对阀主体起预紧作用,将阀体顶紧在阀座上。

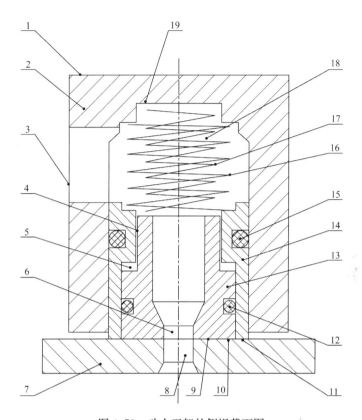

图 4.79　动力刀架的侧视截面图

1-阀;2-阀壳体;3-入口;4-连接室;5-环状辅助室;6-出口;7-阀座;8-阀通道;9-座表面;10-密封表面 I;11-密封表面 II;12-密封件;13-阀主体;14-刮削器;15-第一密封环;16-第一压力弹簧;17-第二压力弹簧;18-腔室;19-阀面

　　阀主体外表面对着阀座,阀主体有液体出口,出口处有锥形喷嘴对准阀主体外表面。阀主体和刮削器都在远离阀座表面开放,出口直接与内部腔室流体连通。阀主体相对阀座的界面或表面被配置为密封表面 I。

　　阀座表面与刮削器和阀主体表面相对,阀座表面与刀具表面连接,工作时,阀座表面与阀壳体相对静止。阀通道在每个座位表面开通。阀通道与阀体出口直径相等。因此,阀通道可以被配置为一个喷嘴。在每个工作设定的工具面,排出开口与阀通道对准。

　　刮削器和阀主体之间有环状的辅助室,位于阀壳体内,并与阀壳体同轴。辅助室的连接通过一个连接室与中间的腔室相通。连接室的截面积由刮削器和阀主体之间的径向间隙决定。连接辅助腔室和腔室的中间截面积非常小,以至于流体在流经该截面时降低速度,也就是说,该截面仅起节流作用。

　　阀在每个工作设定的工具面上打开。阀主体的密封表面和刮削器的密封表面

Ⅱ与阀座的座表面贴合密封。通过冷却液导管（未示出在图中），从泵流入刀架静止部分的冷却液，经过入口流入阀壳体的中部腔室。入口流入的液体压力为 P_0。内部腔室中的冷却液，流经刮削器和阀主体的开口流出。开口流出的冷却液经过阀座流入阀通道。再经过阀通道，冷却液最终流入切削刀具的流体管路（图中未画出）。

第一压力弹簧和第二压力弹簧置于刮削器和阀主体中间，并分别置于内部腔室中。此外，流体的动态压力和静态压力作用在刮削器和阀主体上。静态压力 P_1 比入口处的动态压力 P_0 小。作用在环状辅助室上的静态压力 P_1 与内部腔室中的压力平衡。

当换刀时，阀座从一个位置换到另外的位置，并与阀壳和阀的轴线产生相对位移。新的阀通道到达密封表面Ⅰ，并邻近出口时，由于密封表面Ⅰ的尺寸比阀通道的直径大，密封表面Ⅰ能较好地密封住阀通道，并防止液体从刀架阀中流出。座表面接近阀通道和阀主体的出口，这样冷却液就能被隔断。

在阀主体和刮削器的内腔，静态压力从 P_1 升到 P_0。环状辅助室中，由于有节流作用，静态压力保持 P_1。作用在阀主体上的力为 (P_0-P_1) 和刮削器正对腔室截面尺寸的乘积。因为接触面与刮削器相比小，只有 P_1 作用在阀主体上时，作用在阀主体上的力小于作用在刮削器上的力。当作用在阀主体上的力较小时，刮削器的负荷值比阀体上的小。由于连接室中的流量低，连接室中的静压力逐渐升至 P_0，这样可以减少作用在刮削器上的力，而增大作用在阀主体上的力。

只要下一个阀通道进入出口的范围内，冷却液再次流经阀。由于环状辅助室中产生比在腔室中更大的静态压力，密封表面Ⅰ更有力地压向座表面。这种情况下，更大的力也不会导致更大的磨损，因为座表面没有污染物，污染物已被刮削器刮掉。这样环状辅助室中的压力再次与连接室平衡。

4.16　皇冠式转塔动力刀架结构

皇冠式刀架[88]不需要配备刀库，节省机床空间，换刀效率高，而且动力刀具的转速高、力矩大，因此主要用作专用机床的配套刀架。目前的皇冠式转塔动力刀架，大多数采用直驱式的驱动方式，即伺服电机与刀具直接相连，通过控制动力轴沿轴向的滑移来实现刀架的工作和换刀，但该种刀架采用双伺服驱动方式，这增加了刀架的质量，影响刀架的运动灵敏性，并且结构复杂。刀架采用齿轮传动的方式，结构简单，但是刀架工作时所有刀具都在旋转，浪费刀架的动力效率，并且容易对操作人员产生伤害，同时其楔式定位刚度及精度低。设计这种皇冠式转塔刀架结构的目的是，为了解决以往的皇冠式转塔刀架出现的上述问题。

该刀架结构的优点是：①该结构的刀架采用齿轮传动方式，刀架结构简单，维护成本低；②刀架采用双联齿盘定位，定位精度高；③刀架的定位和动力刀驱动只需一个伺服电机，降低刀架惯量，使刀架运行更加灵活；④刀架在机床上滑行的同时可以锁紧和解锁；⑤刀架的刀具只有在工作位置才能被驱动。

如图 4.80 所示，是一种数控机床皇冠式转塔动力刀架结构，刀具轴安装在塔头上，其数量根据实际生产情况而定，可设置 6、8 等多把刀具。锥齿轮安装在刀具轴上。传动齿轮 I、传动齿轮 III、支撑环及轴承通过花键安装在传动轴上，传动轴通过轴承和支撑环及轴承安装在刀架座和塔头上。液压缸壁安装在塔头上，活塞安装在传动轴的一端，由于支撑环及轴承与传动轴通过花键连接，使塔头在液压油的作用下，可以沿传动轴滑动。配油盘安装在塔头上。齿轮 II 安装在轴上，轴安装在刀架座上；内齿环安装在塔头上；所有齿轮正确安装后，当转塔刀架的刀具工作时，锥齿轮与齿轮 II 相啮合，齿轮 III 和内齿环彼此分离；转塔刀架在换刀时，齿轮 III 与内齿环相啮合，齿轮 II 与锥齿轮彼此分离；在此过程中，齿轮 II 与齿轮 I 始终啮合。伺服电机安装在刀架座上，并通过联轴器与传动轴相连接。

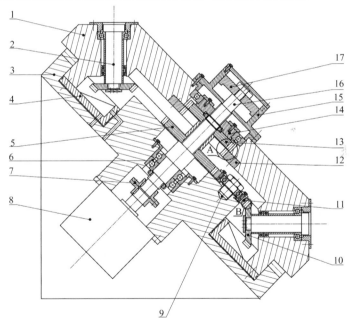

图 4.80 皇冠型刀架状态一（齿盘锁紧状态）

1-塔头；2-刀具轴；3-刀架座；4-配油盘；5-齿轮 I；6-轴承；7-联轴器；8-伺服电机；9-轴；10-锥齿轮；
11-齿轮 II；12-内齿环；13-齿轮 III；14-支撑环及轴承；15-液压缸壁；16-传动轴；17-活塞；
A-内齿环与齿轮 III 相分离状态；B-锥齿轮与齿轮 II 相啮合状态

该种刀架的定位方式为双联齿盘方式，如图 4.81 中 C 处所示。当转塔刀架在换刀时，液压油通过配油盘作用于在塔头上的液压活塞 1，塔头沿传动轴向上滑动,使塔头和刀架座上的定位齿盘彼此分离,并且使齿轮Ⅲ与内齿环相啮合(图4.81中A),齿轮Ⅱ与锥齿轮彼此分离(图4.81中B),在伺服电机的带动下,通过齿轮Ⅲ、内齿环开始换刀。

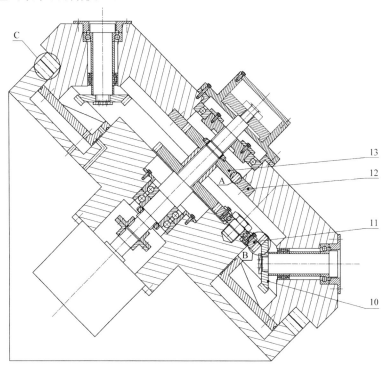

图 4.81　皇冠型刀架状态一(齿盘分离状态)
10-锥齿轮;11-齿轮Ⅱ;12-内齿环;13-齿轮Ⅲ;A-内齿环与齿轮Ⅲ相啮合状态;
B-锥齿轮与齿轮Ⅱ相分离状态;C-双联齿盘结构

当指定刀具进入工位时,在液压活塞的作用下,塔头沿传动轴向下滑动,使塔头和刀架座上的定位齿盘相互啮合,并锁紧。同时锥齿轮与齿轮Ⅱ重新相啮合(图4.80中B),齿轮Ⅲ和内齿环彼此分离(图4.80中A),在伺服电机的带动下,通过齿轮Ⅰ、齿轮Ⅱ、锥齿轮,刀具开始旋转。

4.17　内置力矩电机动力刀架结构

具有刀具驱动系统(其传动示意图参见图4.82)的数控转塔刀架叫做刀具可驱动数控转塔刀架[89]。

常用的刀具驱动系统有中心驱动式和外部驱动式两种。前者通过安装在刀架中心孔内的驱动装置来驱动刀盘上的回转刀具,后者通过安装在刀架顶部或侧部的交流伺服电机,经同步带、同步带轮、传动轴、齿轮和端面离合器的传动来驱动回

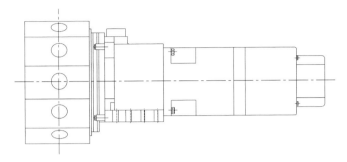

图 4.82　刀架传动俯视图

转刀具。意大利 Duplomatic 公司 BSV/N 系列刀具可驱动数控转塔刀架的刀具驱动系统分 IDT 系列装入式和 MDT 系列模块式两种。IDT 系列装入式刀具驱动系统借助电机经过中心轴传至刀盘中的齿轮驱动回转刀具。MDT 系列模块式刀具驱动系统通过一转臂来连接动力刀具刀夹驱动回转刀具。

　　通常的转塔刀架的刀盘转动由外部安装的电机通过齿轮机构和不同的驱动轴来进行旋转运动,而这种方案将电机设置在转塔刀架体的外部将导致成本较高,同时空间尺寸过大。为了避免上述缺点,此次设计的转塔刀架将驱动刀盘转动的电机选为一种直接驱动力矩电机,将其直接放置在刀架箱体的内部,并将电机的转子与刀盘驱动轴直接相连,使它们处于同轴的状态,这样就可以显著降低转塔刀架的制造成本和空间安装尺寸。图 4.83 为刀架外观。

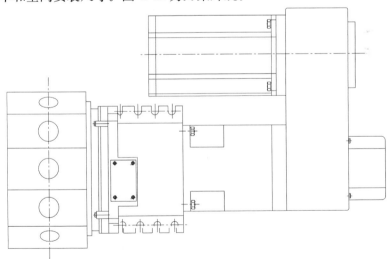

图 4.83　刀架外观图

　　直接驱动型动力转塔刀架,是采用端齿盘进行分度、锁紧,转位由直接驱动力矩电机驱动的。下面根据图 4.84 介绍刀架的工作原理。当刀架接收到转位指令

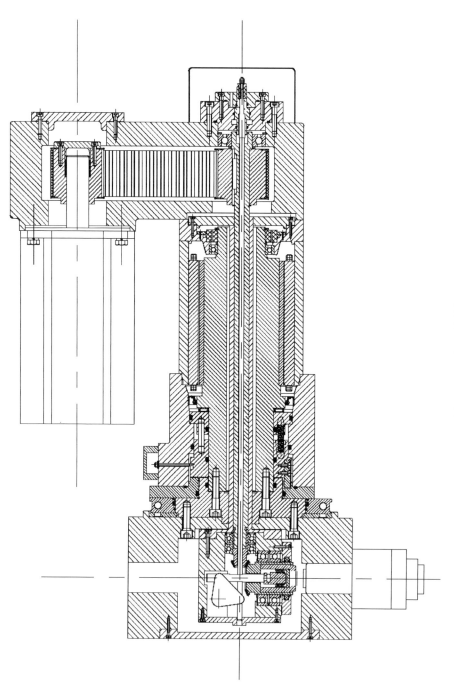

图 4.84　刀架整体结构图

后,液压油进入到锁紧齿盘的左腔,通过产生的液压力将锁紧齿盘右移,使锁紧齿盘上的齿与定齿盘和动齿盘上的齿脱离啮合状态,为转位做好准备。当锁紧齿盘处于完全脱开位置时,接近开关发出转位信号,由力矩电机驱动刀架主轴带动刀盘做分度运动,在主轴的后端,安装有用于识别转位角度的码盘,当主轴所需旋转角度即将到达时,力矩电机减速,当刀盘到达所需工位时,力矩电机停止转动,与此同时,控制系统发出信号,使液压油进入到锁紧齿盘的右腔,锁紧齿盘左移,锁紧齿盘的定位端齿与定齿盘和动齿盘上的定位端齿再次啮合,使刀盘精确定位,当齿盘完全啮合后,接近开关发出信号,转位和夹紧动作完成,所需刀具进入待加工状态。

直接驱动型动力转塔刀架带有刀具驱动模块,在刀盘上可安装各种非动力辅助刀座和动力刀座,可以完成钻、扩、铰、攻丝、镗孔、车端面和铣削等工艺内容。在转塔刀架的后部,有一个用于与动力刀座连接的液压执行装置,当需要用动力刀具进行加工时,活塞向左移动通过位于刀架主轴和刀盘内部的连杆机构,使锥齿轮上的花键连接套与动力刀座的驱动头相连,之后就可以进行加了。安装在动力刀座上的旋转刀具,由外部安装的伺服电机,通过同步带、驱动轴以及位于刀盘内部的锥齿轮,最终将动力转递到旋转刀具上。

定位误差和调谐困难是这些系统中常见的问题,它们是由传动的柔性和无效间隙引起的。皮带、滑轮和变速箱的维护以及这些易磨损部件的更换都需要付出昂贵的代价:一方面,用户不得不对更多的部件进行库存管理;另一方面,附加的部件所造成的系统故障会增加系统计划外停机时间,使得机器的产量出现下降。

可以直接产生驱动作用的旋转电机本质上不过是一种大力矩的永磁电机,它直接与负载连接。这种设计消除了所有机械传动部件,如齿轮变速箱、皮带、滑轮和连轴器。直接驱动旋转系统为设计者和使用者带来了许多好处。

因为一个机械传动需要定期的维护而且会频繁地造成计划外停机,所以,直接驱动力矩电机技术从根本上提高了机器的可靠性,减少了维护时间和开销。通过消除机械传动带来的柔性,直接驱动设计避免了对电机和负载进行惯性匹配的麻烦,同时,定位和速度精度也可以提高 50 倍。直接驱动力矩电机还带来另外一个好处:听觉噪声降低高达 20dB。

直接驱动力矩电机对半导体工艺设备来说是一个理想的解决方案,因为电机直接与被驱动的负载相连,消除了传统伺服电机系统中通常必须采用的皮带、滑轮和齿轮箱。零部件数目的减少也使得机器的总体尺寸减小,生产管理人员就可以在一个工艺隔间里放置更多的附加值高的工艺设备。机械传动部件的消除带来了一种无需维修的系统,而且这种系统的工作更为安静。

　　轴是组成刀架的重要零部件之一,在设计当中主要考虑的是轴的刚度,而碳钢与合金钢的弹性模数相差很小,所以通常选用轴的材料 35 钢和 45 钢,这里选用的是 45 钢,进行调质处理,以改善装配工艺和保证装配的精度。这次刀架中用到了以下几种固定方式:

　　(1) 常用的是运用轴肩,其结构简单,定位可靠。

　　(2) 螺钉结构简单,不仅可以纵向定位,还能轴向定位,其定位可靠、装拆方便,主要用于固定定尺盘和刀盘。

　　(3) 轴套也是用到比较多的,它的结构简单、定位可靠,轴不开槽、钻孔等,可以提高轴的强度。

　　(4) 弹性挡圈的结构简单、紧凑、工艺性好,但是应力集中较大,适合轴向力小的场合,在这里主要用于轴承的固定。

　　(5) 花键纵向固定,其承载能力高,定心性、导向性好,装拆方便,不过制造困难,在这次设计中采用的是矩形花键,主要用于动力刀具传动轴上。

　　(6) 平键固定,用于传动轴与同步带轮的固定。

　　轴的结构设计见图 4.85。

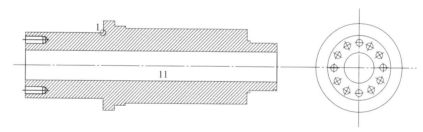

图 4.85　直接驱动型动力转塔刀架主轴结构图

　　定位精度是指转塔到位后,刀架指定的刀座孔中心线与设计中心线在竖直平面内的偏差。重复定位精度是指刀架各工位反复锁紧多次后的偏差平均值。由于该种刀架转塔到位前,控制刀架初定位的霍尔元件发出信号使控制电机的电磁阀断电,此时电机内部的机械自锁部件使电机停在预定位置上,所以刀架具有较高的定位精度和重复定位精度。

　　端齿盘又称多齿盘、细齿盘、鼠牙盘,是具有自动定心功能的精密分度定位元件,广泛应用于加工中心、柔性单元、数控机床、组合机床、测量仪器、各种高精度间歇式圆周分度装置、多工位定位机构,以及其他需要精密分度的各种设备上。例如,数控车床中的多工位自动回转刀架,铣床及加工中心用的回转工作台及其他分度装置中都采用端齿盘作为精确定位元件。端齿盘的齿形有直齿和弧齿两种,直齿端齿盘由于加工方便、定位精度及其重复定位精度高而最受欢迎。端齿盘实际上相当于一对齿数相同的离合器,其啮合过程与离合器的啮合类似。

目前在刀架的定位机构中多采用锥销定位和端齿盘定位。由于圆柱销和斜面销定位时容易出现间隙,圆锥销定位精度较高,它进入定位孔时一般靠弹簧力或液压力、气动力,圆锥销磨损后仍可以消除间隙,以获得较高的定位精度。端齿盘定位由两个齿形相同的端齿盘相啮合而成,由于齿合时各个齿的误差相互抵偿,起着误差均化的作用,定位精度高。

在分度及定位装置中,一般用端齿盘作为其精确定位元件。它具有以下优点:

(1) 分度精度高可高达 0.1″,实际分度误差等于所有齿单个分度误差的平均值。

(2) 分度范围大,分度大小与齿数有关。例如,齿数为 360 齿时,最小分度值为 1°。用差动端齿分度装置,分度范围更大,如下盘齿数为 96,上盘齿数为 360时,就可将一个整圆分成 1440 个等分(最小分度值为 0.25°)。

(3) 精度的重复性和持久性好,重复定位精度可达 0.02″。由于工作时相当于上下齿盘在不断地对研,因此使用越久,分度精度的重复性和持久性也就越好,而且精度有可能提高。

(4) 刚性好。因所有齿面同时参加啮合,不论承受的是切向力、径向力还是轴向力,整个分度装置形成一个良好的刚性整体。

(5) 结构紧凑,使用方便,这一点比其他高精度的分度装置更为突出。

(6) 维护简便,多次拆装不影响其原有的精度。

所设计的直接驱动型动力转塔刀架与以往的两个端齿盘定位有所不同,采用动齿盘、定齿盘和锁紧齿盘三个端齿盘来进行刀架的定位与锁紧。定齿盘、动齿盘以及锁紧盘结构如图 4.86～图 4.88 所示。

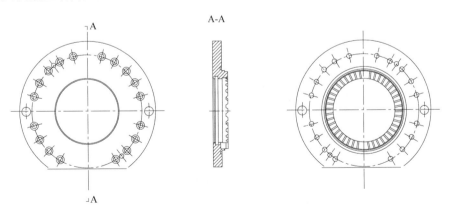

图 4.86　定齿盘结构

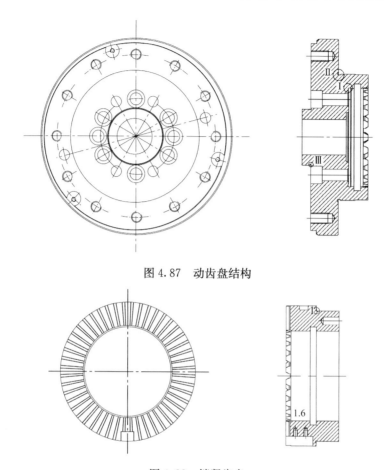

图 4.87　动齿盘结构

图 4.88　锁紧齿盘

　　动齿盘、定齿盘和锁紧齿盘是数控刀架的主要零件,其精度决定刀架性能的好坏。为了保证齿盘的定位精度和刚度,对齿盘做以下技术要求:端齿盘材料采用20CrMo,齿部渗氮后磨齿加工;齿宽接触率为 70% 以上;齿高接触为啮合高度85% 以上,齿盘啮合时的接触齿数应在 90% 以上,接触不良的齿不啮合;安装基准孔轴线对分度中心的位置度,一般取 0.02～0.04mm,对精密齿盘应在 0.01mm 以内;安装基准端面对分度的平行度,一般取 0.01～0.04mm,对精密齿盘应在0.01mm 以内。刀架齿的啮合深度通常设计为 4～5mm,由于该种刀架的液压系统采用变量泵,可获得所需的锁紧力满足刀架刚度要求,所以本次设计将齿的啮合深度设计为 4mm。这一设计也可减少活塞的行程,节省功率。

　　查得有关标准得出以下参数。

　　齿盘外径:齿盘的外径主要由设计结构所允许的空间范围来确定。在结构允许的情况下,外径越大越好,这样可以增强分度或定位机构的稳定性。

　　齿数 z:因为本次设计的动力刀架工位数为 12 工位,转一个工位从动盘需要转过 30°角度,此角度应该是最小分度角的倍数关系,考虑到齿盘的加工工艺和成本,选取最小分度角为 15°。

　　由于刀架刀盘的松开和夹紧均由液压系统通过液压缸活塞的往返运动来实现,当车床在切削加工时,刀具所受的切削力由端齿盘通过螺栓卸荷给刀塔,为使刀塔在强力切削下能稳妥可靠地工作,液压缸必须有足够的拉紧力拉住刀盘,使用于夹紧定位的端齿盘在车床切削过程中始终处于啮合状态。因此液压泵及油泵电动机的配置对液压系统的工作性能有重要的影响。

　　选择油泵的主要依据是压力和流量。一般来说,齿轮泵价格低,维修方便,但当系统压力达到较大值时,输油压力脉动大,噪声大,不宜作数控机床的油源。叶片泵的输油压力脉动小,噪声小,因而被广泛用于数控机床的主要油源。所以,本液压系统的液压泵选用叶片泵。转塔刀架的锁紧机构液压回路原理如图 4.89 所示。

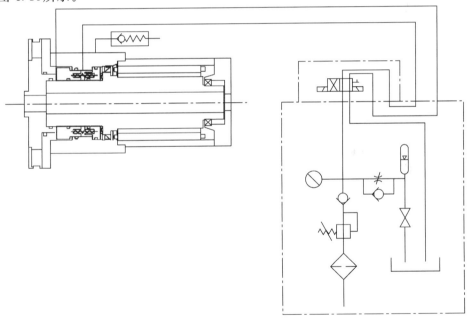

图 4.89　液压原理图

　　此次设计的直接驱动型动力转塔刀架采用了力矩电机来直接驱动刀盘的转位,这样不仅能够节省刀架制造成本,而且还能节约刀架的安装空间。刀架松开和锁紧采用了液压系统来实现,使动力刀架的可靠性有了很大程度的提高。刀架的定位、分度通过端齿盘结构来实现,定位精度高,同时通过霍尔开关来检测刀位信号,这样可使刀架转位更加的精确。动力刀具驱动系统采用嵌入式的同步带和锥齿轮传动机构,传动平稳、可靠。

车削加工中心是目前国际上比较高端的一种数控机床,可以进行多工序加工,如车削、钻削、铣削等。虽然我国数控机床产品附件的研制由无到有,取得了显著成绩,但与国外先进水平相比还是有一定差距的。为确保国产数控机床的大发展,就必须把数控机床附件尽快搞上去。为此建议国家有关部门应尽快制定有关鼓励、扶持国产数控机床附件发展的相关政策,加大数控机床附件行业科研和技术改进投入,使国产数控机床附件行业有一个大发展。

4.18　精密三联齿盘刀架结构

国内公开了一种典型的刀架结构[90],这种刀架如图 4.90 所示,定齿盘通过螺栓Ⅰ固连在外壳体上,复合轴承外圈通过螺栓Ⅱ固连在定齿盘上,同时复合轴承内圈通过螺栓与动齿盘固连,主轴通过螺栓Ⅳ安装在动齿盘上。由于定齿盘、复合轴承、动齿盘、主轴存在上述结构安装关系,当驱动电机通过主轴带动动齿盘旋转运动时,动齿盘相对于定齿盘的旋转精度可以由高精度复合轴承刚性保持,从而大大提高了动齿盘的旋转精度、动齿盘与定齿盘的同轴度,进而提高了刀架的定位精度、重复定位精度和刚度。

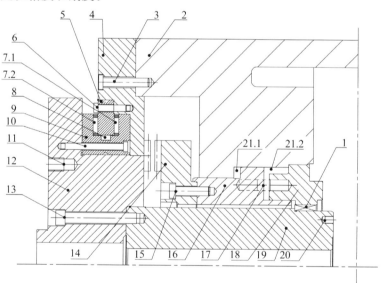

图 4.90　新型三联齿盘刀架结构示意图

1-推力滚针轴承;2-外壳体;3-螺栓Ⅰ;4-定齿盘;5-复合轴承外圈;6-螺栓Ⅱ;7.1-复合轴承轴向滚珠Ⅰ;
7.2-复合轴承轴向滚珠Ⅱ;8-复合轴承径向滚珠;9-复合轴承内圈;10-螺栓Ⅲ;11-刀盘安装螺纹孔;
12-动齿盘;13-螺栓Ⅳ;14-锁紧齿盘;15-螺栓Ⅴ;16-前活塞;17-定位销;18-后活塞;
19-主轴;20-齿轮连接螺纹孔;21.1-油腔Ⅰ;21.2-油腔Ⅱ

三联齿盘工作原理:换刀时,油腔Ⅰ进油,油腔Ⅱ回油,前活塞与锁紧齿盘在高压油的推动下向右运动。当锁紧齿盘与定齿盘和动齿盘脱离时,主轴带动动齿盘和刀盘旋转。刀盘转到指定位置时停止旋转。油腔Ⅰ回油,油腔Ⅱ进油,前活塞与锁紧齿盘在高压油的推动下向左运动。待锁紧齿盘与定齿盘和动齿盘完全啮合时,刀架可进行切削。

本结构的有益效果是:

(1) 动齿盘与定齿盘通过高精度复合轴承的连接,大大提高了动齿盘的旋转精度,从而提高了刀架的定位精度、重复定位精度和刚度。

(2) 刀架前活塞与主轴采用间隙配合,降低了两零件的加工精度和装配精度要求。

4.19　精确分度定位刀架结构

目前数控刀架采用的三联齿盘结构如图 4.91 所示,为三联齿盘的理想安装状态。但是,安装三联齿盘时,动齿盘与定齿盘之间难免有装配误差.动齿盘和定齿盘产生轴向错位:如果锁紧齿盘与定齿盘紧密结合则不能与动齿盘紧密结合,如图 4.92 所示,锁紧齿盘和动齿盘之间就会产生缝隙 d_2;如果锁紧齿盘与动齿盘紧密结合则无法与定齿盘紧密结合,如图 4.93 所示,锁紧齿盘与定齿盘之间产生缝隙 d_1。如此造成三联齿盘的接触面的刚度降低,刀架的重复定位精度减小,甚至发生“吃刀”现象。

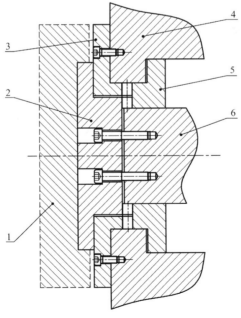

图 4.91　三联齿盘的理想安装状态

1-刀盘;2-动齿盘;3-定齿盘;4-箱体;5-锁紧齿盘;6-主轴

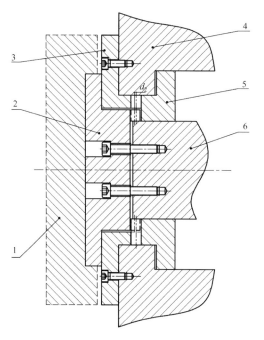

图 4.92　三联齿盘中定齿盘与锁紧齿盘完全啮合的状态
1-刀盘;2-动齿盘;3-定齿盘;4-箱体;5-锁紧齿盘;6-主轴

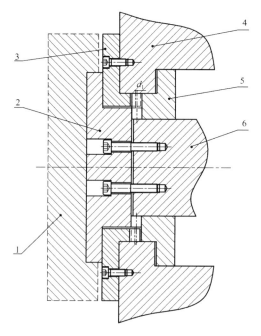

图 4.93　三联齿盘中动齿盘与锁紧齿盘完全啮合的状态
1-刀盘;2-动齿盘;3-定齿盘;4-箱体;5-锁紧齿盘;6-主轴

国内公开了一种典型的刀架结构[91]，这种刀架采用如图 4.94 所示。该刀架的分度定位机构由锁紧齿盘、动齿盘、定位盘、导向定位销及缓冲装置组成。定位盘安装在刀架的箱体上，动齿盘与刀盘相连接，安装在刀絮的主轴上，锁紧齿盘安装在定位盘和动齿盘的对侧，并可以沿主轴往复移动，导向定位销一端由螺母固定在锁紧齿盘上，并由定位键(图 4.95)来保证其前端矩形部分与定位盘上的导向定位孔对准(如图 4.96A-A)，另一端插在定位盘的导向定位孔内，并与之形成配合，且与孔内的缓冲装置相接触挤压(图 4.97)。

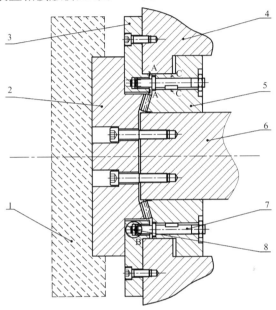

图 4.94　本机构总体结构示意图

1-刀盘；2-动齿盘；3-定位盘；4-箱体；5-锁紧齿盘；6-主轴；7-导向定位锁；8-缓冲装置

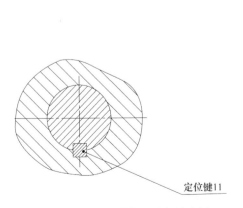

图 4.95　C-C 缓冲装置局部放大图

图 4.96　A-A 向视图

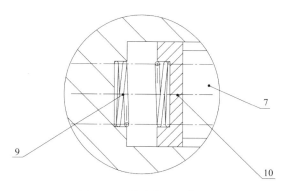

图 4.97　缓冲装置示意图

7-导向定位锁;9-弹簧;10-挡板

　　当锁紧齿盘向前滑动一定距离后,导向定位销与缓冲装置发生作用减小向前滑动的速度,使锁紧齿盘与动齿盘缓慢接触,并实现齿面的紧密啮合,由于采用锥形齿,当动齿盘与锁紧齿盘相互压紧啮合时会有很好的向心对中性,提高同轴度,并且啮合的过程中,锁紧齿盘的速度小,对动齿盘齿面的冲击力小,达到保护齿面的目的。同时,通过导向定位销与导向定位孔的配合,达到精确的周向定位。此上的叙述中可知,该机构由于没有定齿盘的作用,不用考虑定齿盘、动齿盘和锁紧齿盘的三者啮合关系,且由于齿盘的加工复杂,该机构还简化了刀架的整体结构。

　　当锁紧齿盘向后滑动,在缓冲装置的弹簧作用下会加速向后移动,使锁紧齿盘的锁紧齿从动齿盘的锁紧齿中完全分离的时间减少,总体上减少换刀时间。

　　该结构的有益效果是:

　　(1) 定位盘、动齿盘和锁紧齿盘之间只有一对齿盘相啮合,可以消除传统三联齿盘结构由于加工和装配误差所引起的锁紧齿盘与定齿盘、动齿盘之间无法完全啮合的现象,提高定位精度和接触刚度。

　　(2) 由于在定位盘的导向定位销孔内安装有缓冲装置,可以减少锁紧齿盘与动齿盘啮合过程中的冲击,可以延长锁紧齿盘和动齿盘的使用寿命。

　　(3) 锁紧齿盘与动齿盘的齿均采用锥形齿,具有自定心的作用,增加刀架旋转的径向精度。

　　(4) 锁紧齿盘与定位盘摒弃原来的齿盘副的接触方式,采用导向定位销的连接方式,结构简单、紧凑。

第5章 数控刀架结构可靠性设计

评价机械产品的质量好坏可以从技术性能、经济指标和可靠性三方面来考虑。可靠性(reliability)是指产品在规定的条件下和规定的时间内完成规定功能的能力。产品的可靠性,就是研究产品在各种因素作用下的安全问题,是衡量产品质量的一个重要指标。可靠性的内容包括产品的安全性、适用性、耐久性、可维修性、可储存性及其组合。在实际应用中,为了定量地进行分析计算,给出可靠性的数量指标,引入了可靠度(reliability)的概念:可靠度是产品在规定条件下和规定时间内完成规定功能的概率。可靠性分析与设计方法大致可以分为直接方法和间接方法两大类。直接方法可以分为近似解析法和数值模拟法。近似解析法包括估计方法、摄动法、均值一次二阶矩法、改进一次二阶矩方法、随机有限元法等。数值模拟法包括蒙特卡罗(Monte Carlo)模拟法、重要抽样法、子集模拟法等。间接分析方法主要包括响应面方法、支持向量机方法等。

对机械产品进行可靠性设计,就是依据概率设计方法,在数学、力学、物理学、材料学与机械工程等研究的基础上,结合可靠性试验及故障数据的统计分析,将产品的真实外载荷、零部件的物理特性和实际尺寸等视为属于某种概率分布的随机变量,建立产品设计的数学力学模型,推导产品不产生失效的概率和产品的可靠指标,估计或预测产品在规定工作条件下的运行能力、状态或寿命,指出并排除产品的薄弱环节,保证产品所需的可靠性。它可以帮助设计人员预测产品的可靠程度,有效地避免由可靠性低而带来的故障或失效。

为了衡量各因素对机械产品失效的不同影响程度,引入可靠性灵敏度的概念:基本变量分布参数的变化引起失效概率(或可靠度)变化的比率。机械产品的可靠性灵敏度设计,是在可靠性基础上进行灵敏度设计,得到一个用以确定设计参数的改变对产品可靠性影响的评价,可以充分反映各设计参数对机械产品失效影响的不同程度,即敏感性。可靠性灵敏度设计可以帮助设计人员判断基本设计变量对可靠性的影响程度,从而有效地掌控设计的准确性和可靠性。

由于基于概率统计理论的矩方法在求解可靠度时不需要迭代和搜索,因此它是目前可靠度求解计算方法中最常用的方法之一。早期的机械产品的可靠性设计,通常将基本随机变量的概率分布设定为正态分布。对于服从非正态分布的情况,大多采用的是 Rackwitz 和 Fiessler 提出的一种当量正态转化法,这种方法的思想是将非正态分布在设计点处转换成等效的正态分布,然后在高斯坐标系内将超曲面的极限状态方程的法线端点处进行线性化,从而求得可靠性指标。由于 R-F

算法具有良好的普适性,目前已被国际结构安全度联合委员会(JCSS)所采用,并正式命名为 JC 法;我国的《工程结构可靠度设计统一标准》(GB 50153-92)也推荐使用此方法。此方法要求代替的正态分布函数在设计验算点处的概率密度值和分布函数值均与原来的非正态变量的分布函数值和概率密度值相等,利用一次二阶矩方法进行求解。

随着科学技术的不断进步,产品更新换代加快,更加需要足够的数据来确定设计参数的概率分布,需要掌握机械系统及其零部件随机参数的概率分布信息,但是工程实际的复杂性和统计数据的相对缺乏使得各设计参数服从多种形式的概率分布,有些完全不服从正态分布。为了解决此类问题,国内外学者进行了大量的研究,日本学者 Zhao 和国内学者张义民提出了基于高阶矩技术的可靠性求解算法。其中,张义民等基于随机摄动法和 Edgeworth 级数法,在已知随机变量前四阶矩的基础上对可靠度进行求解,对 Edgeworth 级数法求得可靠度大于 1 的情况进行修正,该方法适用于机械零部件的结构可靠性及可靠性灵敏度设计,具有较高的精度。

张义民教授率领的研究团队从 1990 年始,就开展了机械结构系统的可靠性研究,并且发表了相关学术论文[95~177],系统地提出了机械可靠性设计、机械动态与渐变可靠性设计、机械可靠性优化设计、机械可靠性灵敏度设计、机械可靠性稳健设计等系列可靠性设计理论与方法,力图为解决我国机械工程领域可靠性设计核心技术缺乏的问题指明路线与途径,以及为形成产品自主研发能力提供技术服务和储备,对工程实际的机械可靠性设计提供了系统的理论与方法,为机械行业提供了可靠性分析与设计的技术服务。

5.1　结构可靠性设计理论

5.1.1　可靠性设计的摄动法

应用概率设计方法,在设计计算中考虑设计变量的不确定因素,规定基本设计准则,建立设计变量相互作用的模型等,是可靠性设计方法所面临的问题。可靠性设计的摄动法可以正确地反映机械结构的固有的可靠性,给出可供实际计算的数学力学模型,估计或预测机械结构在规定的工作条件下的可靠性,揭示机械结构可靠性设计的本质。

可靠性设计的一个目标是计算可靠度

$$R = \int_{g(X)>0} f_X(X) \mathrm{d}X \tag{5.1}$$

式中,$f_X(X)$ 为基本随机变量向量 $X = [X_1, X_2, \cdots, X_n]^{\mathrm{T}}$ 的联合概率密度,这些随机变量代表载荷、机械结构件的特性等随机量。$g(X)$ 为状态函数,可表示机械结

构件的两种状态

$$\left.\begin{array}{ll} g(X)\leqslant0, & \text{失败状态} \\ g(X)>0, & \text{安全状态} \end{array}\right\} \tag{5.2}$$

这里极限状态方程 $g(X)=0$ 是一个 n 维曲面,称为极限状态面或失败面。

把随机变量向量 X 和状态函数 $g(X)$ 表示为

$$X=X_\mathrm{d}+\varepsilon X_\mathrm{p} \tag{5.3}$$

$$g(X)=g_\mathrm{d}(X)+\varepsilon g_\mathrm{p}(X) \tag{5.4}$$

其中,ε 为 $0<|\varepsilon|\ll1$ 的一小参数,下标 d 表示随机变量中的确定部分,下标 p 表示随机变量中的随机部分,且具有零均值。显然,这里要求随机部分要比确定部分小得多。对上面两式取数学期望,有

$$\mathrm{E}(X)=\overline{X}=\mathrm{E}(X_\mathrm{d})+\varepsilon\mathrm{E}(X_\mathrm{p})=X_\mathrm{d} \tag{5.5}$$

$$\mu_\mathrm{g}=\mathrm{E}[g(X)]=\overline{g}(X)=\mathrm{E}[g_\mathrm{d}(X)]+\varepsilon\mathrm{E}[g_\mathrm{p}(X)]=g_\mathrm{d}(X) \tag{5.6}$$

同理,对其取方差、三阶矩和四阶矩,根据 Kronecker 代数及相应的随机分析理论,有

$$\mathrm{Var}(X)=\mathrm{E}\{[X-\mathrm{E}(X)]^{[2]}\}=\varepsilon^2[X_\mathrm{p}^{[2]}] \tag{5.7a}$$

$$\mathrm{C}_3(X)=\mathrm{E}\{[X-\mathrm{E}(X)]^{[3]}\}=\varepsilon^3[X_\mathrm{p}^{[3]}] \tag{5.7b}$$

$$\mathrm{C}_4(X)=\mathrm{E}\{[X-\mathrm{E}(X)]^{[4]}\}=\varepsilon^4[X_\mathrm{p}^{[4]}] \tag{5.7c}$$

$$\mathrm{Var}[g(X)]=\mathrm{E}\{[g(X)-\mathrm{E}(g(X))]^{[2]}\}=\varepsilon^2\mathrm{E}\{[g_\mathrm{p}(X)]^{[2]}\} \tag{5.8a}$$

$$\mathrm{C}_3[g(X)]=\mathrm{E}\{[g(X)-\mathrm{E}(g(X))]^{[3]}\}=\varepsilon^3\mathrm{E}\{[g_\mathrm{p}(X)]^{[3]}\} \tag{5.8b}$$

$$\mathrm{C}_4[g(X)]=\mathrm{E}\{[g(X)-\mathrm{E}(g(X))]^{[4]}\}=\varepsilon^4\mathrm{E}\{[g_\mathrm{p}(X)]^{[4]}\} \tag{5.8c}$$

式中,$(\cdot)^{[k]}=(\cdot)^{[k-1]}\otimes(\cdot)=(\cdot)\otimes(\cdot)\otimes\cdots\otimes(\cdot)$ 为 $(\cdot)$ 的 Kronecker 幂,符号 $\otimes$ 代表 Kronecker 积,定义 $(A)_{p\times q}\otimes(B)_{s\times t}=[a_{ij}B]_{ps\times qt}$

根据向量值和矩阵值函数的泰勒展开式,当随机变量的随机部分比其确定部分小得多时,可以把 $g_\mathrm{p}(X)$ 在 $\mathrm{E}(X)=X_\mathrm{d}$ 附近展开到一阶为止,有

$$g_\mathrm{p}(X)=\frac{\partial g_\mathrm{d}(X)}{\partial X^\mathrm{T}}X_\mathrm{p} \tag{5.9}$$

矩阵导数定义为

$$\frac{\partial(A)_{p\times q}}{\partial(B)_{s\times t}}=\left(\frac{\partial A}{\partial b_{ij}}\right)_{ps\times qt} \tag{5.10}$$

把式(5.9)代入式(5.8a)、式(5.8b)和式(5.8c)中,有

$$\sigma_g^2 = \mathrm{Var}[g(X)] = \varepsilon^2 \mathrm{E}\left[\left(\frac{\partial g_d(X)}{\partial X^\mathrm{T}}\right)^{[2]} X_p^{[2]}\right] = \left(\frac{\partial g_d(X)}{\partial X^\mathrm{T}}\right)^{[2]} \mathrm{Var}(X) \quad (5.11a)$$

$$\theta_g = C_3[g(X)] = \varepsilon^3 \mathrm{E}\left[\left(\frac{\partial g_d(X)}{\partial X^\mathrm{T}}\right)^{[3]} X_p^{[3]}\right] = \left(\frac{\partial g_d(X)}{\partial X^\mathrm{T}}\right)^{[3]} C_3(X) \quad (5.11b)$$

$$\eta_g = C_4[g(X)] = \varepsilon^4 \mathrm{E}\left[\left(\frac{\partial g_d(X)}{\partial X^\mathrm{T}}\right)^{[4]} X_p^{[4]}\right] = \left(\frac{\partial g_d(X)}{\partial X^\mathrm{T}}\right)^{[4]} C_4(X) \quad (5.11c)$$

式中,$\mathrm{Var}(X)$、$C_3(X)$、$C_4(X)$为随机变量的方差、三阶矩和四阶矩向量;σ_g^2、θ_g、η_g为状态函数$g(X)$的方差、三阶矩和四阶矩[110~116]。

把状态函数$g(X)$对基本随机变量向量X求偏导数,有

$$\frac{\partial g}{\partial X^\mathrm{T}} = \left[\begin{array}{cccc} \dfrac{\partial g}{\partial X_1} & \dfrac{\partial g}{\partial X_2} & \cdots & \dfrac{\partial g}{\partial X_n} \end{array}\right]_{1 \times n} \quad (5.12)$$

把式(5.12)代入式(5.11a)、式(5.11b)和式(5.11c)中,可以得到状态函数的方差、三阶矩和四阶矩的表达式。可靠性指标定义为

$$\beta = \frac{\mu_g}{\sigma_g} = \frac{\mathrm{E}[g(X)]}{\sqrt{\mathrm{Var}[g(X)]}} \quad (5.13)$$

这样一方面可以利用可靠性指标直接衡量构件的可靠性,另一方面在基本随机变量向量X服从正态分布时,可以用失败点处状态表面的切平面近似地模拟极限状态表面,获得可靠度的一阶估计量

$$R = \Phi(\beta) \quad (5.14)$$

式中,$\Phi(\cdot)$为标准正态分布函数。

5.1.2　任意分布参数可靠性的设计

众所周知,要计算可靠度或失效概率,需要知道概率密度函数或联合概率密度函数。但是由于缺少足够的试验数据,很难精确地确定设计参数的分布规律。即使是近似地指定概率分布,在大多数情况下也很难进行积分计算而获得可靠度或失效概率,而数值积分往往是不实用的。对于服从任意分布和无法确定分布概型的情况,而且有足够的资料来确定设计参数的前四阶矩(通常可以通过查手册或试验来确定设计参数的统计特征量)时,作为可供选择的实用方法,可以采用摄动法求得可靠性指标,然后应用四阶矩技术和 Edgeworth 级数把未知的状态函数的概率分布展开成标准的正态分布的表达式,进而确定机械零件的可靠度和可靠性灵敏度。

根据 Edgeworth 级数方法,可以把服从任意分布的标准化的随机变量的概率分布函数近似地展开成标准正态分布函数,即

$$F(y) = \Phi(y) - \Phi(y)\left[\frac{1}{6}\frac{\theta_g}{\sigma_g^3}H_2(y) + \frac{1}{24}\left(\frac{\theta_g}{\sigma_g^4} - 3\right)H_3(y) + \frac{1}{72}\left(\frac{\theta_g}{\sigma_g^3}\right)^2 H_5(y) + \cdots\right]$$

$$(5.15)$$

式中，H_j 为 j 阶 Hermite 多项式，其递推关系为

$$\begin{cases} H_{j+1}(y) = yH_j(y) - jH_{j-1}(y) \\ H_0(y) = 1, \quad H_1(y) = y \end{cases}$$

$$(5.16)$$

根据式(5.16)把未知的状态函数的概率分布展开成标准正态分布的表达式时，通常其概率密度函数是非对称的，据此系统的可靠度为

$$R(\beta) = P[g(X) > 0] = 1 - F(-\beta)$$

$$(5.17)$$

显然式(5.17)是式(5.1)的近似表达式，有时用式(5.16)计算可靠度时，会出现 $R > 1$ 的情况。当 $R > 1$ 时，采用下述经验公式进行修正：

$$R^* = R(\beta) - \left\{\frac{R(\beta) - \Phi(\beta)}{[1 + (R(\beta) - \Phi(\beta))\beta]^{\beta}}\right\}$$

$$(5.18)$$

Edgeworth 级数可以任意精确地逼近随机变量的真实分布，但通常取级数的前四项即可得到较好的近似。在推导过程中，对随机参数的分布概型和激励类型没有作任何限制，以求更接近工程实际[117~125]。

5.1.3　可靠性灵敏度的设计方法

根据矩阵微分方法和相关摄动理论，可靠度对基本随机变量均值和方差的灵敏度表示为

$$\frac{dR(\beta)}{d\overline{B}^T} = \frac{\partial R(\beta)}{\partial \beta}\frac{\partial \beta}{\partial \mu_g}\frac{\partial \mu_g}{\partial \overline{B}^T}$$

$$(5.19)$$

$$\frac{dR(\beta)}{dVar(B)} = \left[\frac{\partial R(\beta)}{\partial \beta}\frac{\partial \beta}{\partial \sigma_g} + \frac{\partial R(\beta)}{\partial \sigma_g}\right]\frac{\partial \sigma_g}{\partial Var(B)}$$

$$(5.20)$$

式中，$d(\cdot)/d\overline{B}^T$ 为 $(\cdot)$ 对基本随机变量 X 均值的灵敏度；$d(\cdot)/dVar(B)$ 为 $(\cdot)$ 对随机变量 B 方差的灵敏度。

$$\frac{\partial R(\beta)}{\partial \beta} = \varphi(-\beta)\left\{1 - \beta\left[\frac{1}{6}\frac{\theta_g}{\sigma_g^3}H_2(-\beta) + \frac{1}{24}\left(\frac{\eta_g}{\sigma_g^4} - 3\right)H_3(-\beta) + \frac{1}{72}\left(\frac{\theta_g}{\sigma_g^3}\right)^2 H_5(-\beta)\right]\right.$$

$$\left. - \left[\frac{1}{3}\frac{\theta_g}{\sigma_g^3}H_1(-\beta) + \frac{1}{8}\left(\frac{\eta_g}{\sigma_g^4} - 3\right)H_2(-\beta) + \frac{5}{72}\left(\frac{\theta_g}{\sigma_g^3}\right)^2 H_4(-\beta)\right]\right\} \quad (5.21)$$

$$\frac{\partial \beta}{\partial \mu_g} = \frac{1}{\sigma_g}$$

$$(5.22)$$

$$\frac{\partial \beta}{\partial \sigma_g} = -\frac{\mu_g}{\sigma_g^2}$$

$$(5.23)$$

$$\frac{\partial R(\beta)}{\partial \sigma_g} = \varphi(-\beta)\left[\frac{1}{2}\frac{\theta_g}{\sigma_g^4}H_2(-\beta) + \frac{1}{6}\frac{\eta_g}{\sigma_g^5}H_3(-\beta) + \frac{1}{12}\frac{\theta_g^2}{\sigma_g^7}H_5(-\beta)\right] \quad (5.24)$$

$$\frac{\partial \sigma_{\mathrm{g}}}{\partial \mathrm{Var}(B)} = \frac{1}{2\sigma_{\mathrm{g}}} \left[\frac{\partial \overline{g}}{\partial B} \otimes \frac{\partial \overline{g}}{\partial B} \right] \tag{5.25}$$

式中,$\varphi(\cdot)$为正态分布的概率密度函数,代入已知条件,得到可靠度对基本随机变量的灵敏度后,就可以根据基本随机变量对可靠度的影响程度来判断其是否为影响系统可靠度的重要参数。

当有 $R > 1$ 情况出现时,对可靠性指标 β 的灵敏度进行修正,采用下式:

$$\frac{\partial R^{*}}{\partial \beta} = \frac{\partial R(\beta)}{\partial \beta} + \left[\frac{\partial R(\beta)}{\partial \beta} - \Phi(\beta) \right] \times \frac{\beta(\beta-1)\left[R(\beta) - \Phi(\beta) \right] - 1}{\left[1 + (R(\beta) - \Phi(\beta))\beta \right]^{\beta+1}}$$
$$+ \frac{A}{\left[1 + (R(\beta) - \Phi(\beta))\beta \right]^{\beta+1}} \tag{5.26}$$

式中

$$A = \left[R(\beta) - \Phi(\beta) \right]\{ 1 + \left[R(\beta) - \Phi(\beta) \right]\beta \}$$
$$\times \ln\{ 1 + \left[R(\beta) - \Phi(\beta) \right]\beta \} + \left[R(\beta) - \Phi(\beta) \right]\beta$$

5.1.4　可靠性灵敏度无量纲化

在进行结构设计时,设计因素往往很多,而且各因素对结构失效的影响程度又各不相同,因此关于各个因素对结构可靠性影响大小的研究具有重要意义。事实上,影响结构可靠性的因素之间存在着单位不统一的问题,如果单位不统一,则可靠性灵敏度之间就没有比较性。因此,将可靠性灵敏度无量纲化的意义是非常重要的。

可靠性对基本随机参数向量 X_i 均值和方差的灵敏度无量纲化后分别表示为

$$\alpha_i = \frac{\mathrm{d}R}{\mathrm{d}\overline{X}_i} \frac{\sigma_i^{*}}{R^{*}} \tag{5.27}$$

$$\eta_i = \frac{\mathrm{d}R}{\mathrm{d}\mathrm{Vax}(X_i)} \frac{\mathrm{Vax}(X_i)^{*}}{R^{*}} \tag{5.28}$$

定义随机变量 X_i 对结构失效的灵敏梯度 s_i 为

$$s_i = \sqrt{\alpha_i^2 + \eta_i^2} \tag{5.29}$$

将 s_i 标准化后得到灵敏度因子 λ_i 为

$$\lambda_i = \frac{s_i}{\sum\limits_{k=1}^{n} s_k} \times 100\% \tag{5.30}$$

式中,$\overline{X}_i$、$\mathrm{Var}(X_i)$ 分别表示随机变量 X_i 的均值和方差;σ_i^{*}、$\mathrm{Var}(X_i^{*})$、R^{*} 为具体的数值。仿真计算得到各级系统的可靠度后,将结果代入到灵敏度计算式(5.27)和式(5.28),得到无量纲的基本随机参数的均值灵敏度和方差灵敏度。

5.2　齿轮系统可靠性求解算例

5.2.1　确定随机参数

在进行可靠性分析之前,首先要确定影响齿轮传动的振动系统可靠性的主要因素,即相关的随机变量。通过对齿轮系统的动力学分析,把对影响动力输出齿轮径向位移响应的较大的因素作为基本随机变量,即

工作参数:工作转速 V(angle velocity)、切削阻力矩 T(torque);

材料参数:接触刚度 R(contact stiffness)、接触阻尼 C(contact damping);

结构参数:轴承 1 刚度 R_1(stiffness of bearing 1)、轴承 2 刚度 R_2(stiffness of bearing 2)、轴承阻尼 C_d(damping of bearing)。

基本随机变量的概率分布如表 5.1 所示。

表 5.1　随机变量概率分布

随机变量	分布类型	均值	标准差
V	正态分布	18000	36
T	正态分布	35000	70
R	正态分布	6.65×10^5	1330
C	正态分布	100	0.2
R_1	正态分布	6.0×10^5	1200
R_2	正态分布	1.66×10^5	332
C_d	正态分布	20	0.04

5.2.2　基于人工神经网络算法的可靠度求解

根据状态函数的定义,由于不考虑失效模式相关性,多自由度非线性随机振动系统可靠性分析的首次超限破坏问题可定义为

$$g(A_i, x_i) = |A_i| - |x_i| \tag{5.31}$$

式中,响应 x_i 与门槛值 A_i 为互相独立的随机变量。

对于齿轮系统的振动模型,将动力输出齿轮的最大径向位移是否超过许用最大峰值($A = 10\mu\mathrm{m}$)为失效的标准,则系统的极限状态方程和可靠度 R 的表达式分别为

$$g(X) = A - D_{\max} \geqslant 0 \tag{5.32}$$

$$R = P[g(X) \geqslant 0] \tag{5.33}$$

其中,齿轮系统的位移响应很难通过理论推导方法获得。如果给出动力输出齿轮径向最大位移 $D_{\max}$ 的近似表达式,就可以推导出系统的极限状态方程,进一步就

可以计算可靠度和可靠性灵敏度。其中,随机变量 V、T、R、C、R_1、R_2、C_d 是影响最大位移响应 D_{max} 的主要因素,通过 iSIGHT 的试验设计已经得到了 V、T、R、C、R_1、R_2、C_d 和 D_{max} 的 300 组样本值,然后利用 BP 神经网络训练得到最大响应 D_{max} 和 V、T、R、C、R_1、R_2、C_d 之间的非线性函数关系式,最后结合可靠性和可靠性灵敏度理论得出系统的可靠性以及对基本随机变量的灵敏度。

建立 BP 神经网络模型,以随机变量 V、T、R、C、R_1、R_2、C_d 作为网络的输入参数,以 D_{max} 作为网络的输出参数,隐含层的传递函数选用 S 型对数函数,输出层的传递函数选用 Purelin 线性传递函数,训练函数选择 Traincgb 函数,则得到最大动态响应 D_{max} 与随机变量 $[V,T,R,C,R_1,R_2,C_d]' = [x_1,x_2,x_3,x_4,x_5,x_6]'$ 之间的函数关系可以表示为

$$D_{max} = \theta_k + \sum_{j=1}^{m} w_{kj}\delta\left(\theta_j + \sum_{i=1}^{n} w_{ji}x_i\right) \tag{5.34}$$

将获得的样本数据作为网络的训练样本,为了改善网络训练的稳定性、缩短网络训练的时间和解决网络精度问题,输入和输出参数必须进行归一化处理。对网络进行训练,如图 5.1 所示。

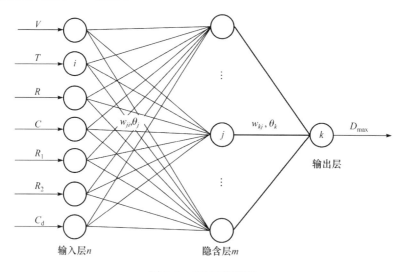

图 5.1　BP 网络模型

将试验设计获得质量数据的样本输入 BP 网络,进行函数拟合。设置训练要求为训练步数为 10000 步收敛,精度为 0.000001。在训练过程中,调节神经元的个数,同时计算出检验样本的相对误差,网络训练 1773 次时达到收敛误差目标值。

如图 5.2 与图 5.3 所示,经过神经网络的不断训练权值和阈值,使经神经网络训练得到的样本非常逼近经虚拟样机分析得到的样本,误差小于目标误差。训练后的神经网络参数如表 5.2 所示。

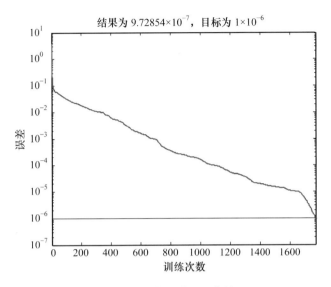

图 5.2　函数训练过程曲线

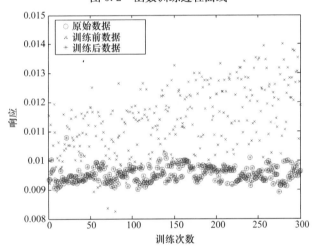

图 5.3　响应样本之间的对比

表 5.2　训练后的神经网络参数

			$[w_{ij}]$				$[w_{kj}]^{\mathrm{T}}$	$[\theta_j]$	$[\theta_k]$
2.2508	1.3934	−0.1424	−0.3561	2.7546	2.5509	−3.6035	1.7639	−4.9117	
2.6153	−0.1784	1.201	−2.3343	2.5821	2.9561	2.8612	−1.2883	−3.6942	
—	2.9456	2.45×10^{-2}	6.4×10^{-2}	−3.186	−1.3299	−1.5029	−0.1967	4.2349	−1.179
2.4763	3.4483	0.5794	3.4638	−0.2813	1.6565	0.9818	0.2552	−3.609	
4.73	−2.1041	1.1339	−0.1932	1.2163	1.3159	−0.9948	−1.265	−4.5583	

[w_ij]							[w_kj]^T	[θ_j]	[θ_k]
0.1023	0.7074	1.9752	3.8332	−2.0097	0.81664	2.7574	0.4717	−3.0224	
1.8559	−0.2198	1.3153	0.6735	3.7712	2.0394	−2.9271	−1.5571	−4.6027	
1.9031	−2.6422	0.1307	−4.0616	−1.1247	1.4186	1.55×10^{-2}	0.1414	−4.2845	
—	−1.3959	−3.5444	1.7591	5.27×10^{-2}	1.8933	1.2707	−1.0411	2.6989	
—	−0.1627	−1.1383	2.2882	−2.8668	−1.9175	4.46	−1.2107	2.9065	
1.1912	−1.3453	−1.3253	−2.9204	3.2802	−0.7523	−3.8074	−0.7616	−3.2958	
2.0113	−0.8865	−2.6494	−0.1060	0.4799	2.9414	2.703	−0.4393	−3.9347	
—	−0.5849	−1.7386	1.2058	−2.7645	−3.0356	−1.3551	−0.9953	−3.1786	
1.9508	4.5551	−1.088	−3.9274	0.8369	−0.25178	0.6461	1.7776	−1.9259	
−2.864	0.2734	2.9905	0.7320	1.7162	−4.5158	2.2762	0.8369	2.5294	
—	2.7747	1.7104	−2.5759	4.96×10^{-2}	2.9172	−0.8728	−1.3432	0.60658	−1.179
0.4680	2.0618	0.9932	1.3668	2.8848	−2.6107	1.0773	−1.3462	−3.2712	
1.0382	4.1077	−2.7758	−2.7366	0.5561	−1.1057	-4.3×10^{-2}	−1.6277	−1.1727	
—	−1.3622	−2.1677	2.9503	0.4164	−1.6189	3.331	0.369	0.36552	
—	3.5898	−4.3197	−1.5133	−0.2389	1.7706	0.9465	−0.9971	3.1148	
1.8015	−2.8303	−0.3062	2.0896	2.7729	2.2526	−0.5453	−0.3513	−0.51924	
−5.117	4.9755	2.3875	−3.5097	0.3935	1.3304	8.1×10^{-2}	1.1466	0.5061	
2.2508	1.3934	−0.1425	−0.3561	2.7546	2.5509	−3.6035	1.7883	−0.94714	
2.6153	−0.1784	1.201	−2.3343	2.5821	2.9561	2.8612	0.3167	0.45656	
—	2.9456	2.45×10^{-2}	6.46×10^{-2}	−3.186	−1.3299	−1.5029	0.6631	−2.0938	

　　为检验神经网络的模拟精度,在均值附近取 30 组样本,将这 30 组样本代入训练好的神经网络中,利用拟合函数计算得到最大位移响应量,并将其与利用动力学分析方法模拟出最大位移响应量进行比较,计算出相对误差值,如图 5.4 所示。

　　表 5.3 为训练样本的响应拟合函数值与动力学分析的对比。从表中可以看到相对误差值较小,这说明该神经网络对最大响应值的拟合精度较高,在样本均值附近可以拟合出正确的结果,故采用神经网络方法模拟的最大响应和基本随机变量之间的函数关系表达式能够近似地代替用虚拟样机方法计算的结果。

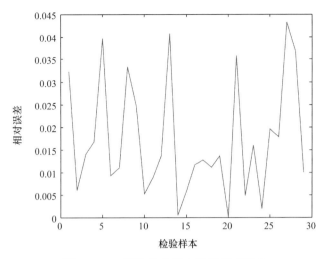

图 5.4　BP 网络检验样本训练相对误差

表 5.3　神经网络误差检验（局部）

检验样本	1	2	3	4	5	6	7
V	17974.86	17989.76	17991.62	17997.21	17999.07	18008.38	18015.83
T	34987.33	34954.74	35019.91	35030.78	35027.16	34990.95	34958.36
R	664621.64	665584.74	664759.22	665447.16	665653.53	664965.6	665997.5
C	100.005	99.964	99.86	100.067	100.047	99.974	99.922
R_1	599968.97	599162.07	600155.17	599596.55	600651.72	599224.14	600713.79
R_2	165888.38	165751	166163.14	166128.79	166180.31	166249	166231.83
C_d	20.0031	20.00103	19.99138	19.99207	19.99552	20.00172	19.99414
虚拟样机 D_{max}/mm	9.65×10^{-3}	9.71×10^{-3}	9.31×10^{-3}	9.36×10^{-3}	9.53×10^{-3}	9.44×10^{-3}	9.71×10^{-3}
神经网络 D_{max}/mm	9.70×10^{-3}	9.70×10^{-3}	9.30×10^{-3}	9.40×10^{-3}	9.50×10^{-3}	9.40×10^{-3}	9.70×10^{-3}
相对误差/%	0.518	0.103	0.107	0.427	0.315	0.424	0.103

　　选取神经网络对动力学分析的响应值的拟合情况好并且计算出的检验样本的相对误差较小时所对应的拟合函数,以此作为应力关于齿轮系统结构参数的近似函数。从得到的拟合曲线来看(图 5.5),其与样本点值对应的曲线基本吻合,且相对误差较小,因此可使用该曲线所对应的函数进行可靠度求解。

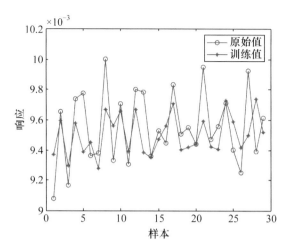

图 5.5　均值处的随机样本模拟结果比较

5.2.3　一次二阶矩法求解可靠度

齿轮传动系统的动力输出齿轮的许用径向位移为 $10\mu m$,工作转速 V 为(μ_V,σ_V)=(18000,36)(°/s),切削阻力矩 T 为(μ_T,σ_T)=(35000,70)(N·mm),接触刚度 R 为(μ_R, σ_R)=(6.65×10^5,1330)(N/mm),接触阻尼 C 为(μ_C, σ_C)=(100,0.2)(N·s/mm),轴承1刚度 R_1 为(μ_{R_1}, σ_{R_1})=(6.0×10^5, 1200)(N/mm),轴承2刚度 R_2 为(μ_{R_2}, σ_{R_2})=(1.66×10^5, 332)(N/mm),轴承阻尼 C_b 为(μ_{C_b}, σ_{C_b})=(20, 0.4)(N·s/mm)。根据可靠性理论的一次二阶矩法求解可靠度的方法,建立状态函数表达式,将神经网络拟合的函数表达式代入建立的状态函数表达式中,得到齿轮系统的可靠性指标以及结构可靠度。编程实现一次二阶矩法的流程图如图 5.6 所示。

利用一次二阶矩法计算得到此齿轮系统的可靠性指标及可靠度分别为

$$\beta=2.41261, \quad R=0.99208$$

5.2.4　蒙特卡罗法求解可靠度

蒙特卡罗模拟法的计算思路是从应力分布中随机地抽取一个样本值,与振动响应极限对比,如果振动响应大于振动响应极限,则认为结构系统失效;反之,结构系统安全可靠。每次随机模拟相当随机的结构系统进行一次试验,通过大量重复的随机抽样即比较,就可得到结构的总失效数,从而可以求得结构可靠度的近似值。齿轮传动系统进行了 10^6 次数值模拟,统计了 10^6 次内危险点处的最大振动响应情况,蒙特卡罗模拟的流程图如图 5.7 所示。

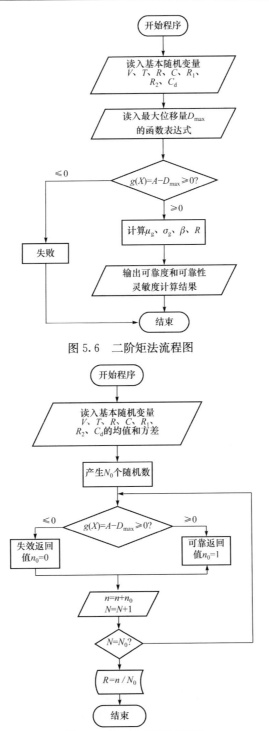

图 5.6　二阶矩法流程图

图 5.7　蒙特卡罗法流程图

利用蒙特卡罗方法计算得到齿轮的可靠度为 $R_{MCS}=0.999979$。

蒙特卡罗法与一次二阶矩法计算得到的可靠度的相对误差为

$$\varepsilon_R = \left| \frac{R - R_{MCS}}{R_{MCS}} \right| = \left| \frac{0.99208 - 0.999979}{0.999979} \right| = 7.91 \times 10^{-3}$$

5.2.5　齿轮的可靠性灵敏度分析

在齿轮传动系统的结构设计工作中,对相应参数的选择与设计需要一个对结构各个参数对轴承强度影响程度的评价,也就是设计参数的灵敏度。当某个参数对齿轮传动系统的振动响应影响较大时,即灵敏度高,在设计的过程中就要对其加以控制,以降低其影响程度;反之,当某个参数对齿轮传动系统的振动响应影响很小时,就可以将其设为定值,忽略其变化对整体的影响。在得到的齿轮传动系统振动可靠度的基础上,基于一次二阶矩对参数灵敏度的计算方法,求解各个参数的灵敏度。

$$\eta_i = \frac{dR}{dVax(X_i)} \frac{Vax(X_i)^*}{R^*}$$

基于以上的灵敏度的计算方法,由 BP 神经神经网络法拟合出的显式函数依次对各个参数求导,即可求得齿轮系统可靠性灵敏度为

$$DR/DX^T = \begin{bmatrix} R_{E(V)} \\ R_{E(T)} \\ R_{E(R)} \\ R_{E(C)} \\ R_{E(R_1)} \\ R_{E(R_2)} \\ R_{E(C_d)} \end{bmatrix}^T = \begin{bmatrix} 5.2 \times 10^{-5} \\ -1.6 \times 10^{-4} \\ -6.5 \times 10^{-6} \\ 1.36 \times 10^{-2} \\ -2.54 \times 10^{-6} \\ -2.18 \times 10^{-5} \\ 0.352 \end{bmatrix}^T$$

$$DR/DVar(X) = \begin{bmatrix} R_{Var(V)} \\ R_{Var(T)} \\ R_{Var(R)} \\ R_{Var(C)} \\ R_{Var(R_1)} \\ R_{Var(R_2)} \\ R_{Var(C_d)} \end{bmatrix}^T = \begin{bmatrix} -0.03039 \\ -0.28954 \\ -0.47576 \times 10^{-3} \\ -2066.087 \\ -0.7244 \times 10^{-4} \\ -0.5358 \times 10^{-2} \\ -1.3910 \end{bmatrix}^T$$

由图 5.8 和图 5.9 可以看出,对于齿轮传动系统可靠度来说,轴承径向阻尼 C_d 的影响最大、阻力矩 T 次之,再次是齿轮接触刚度 R 和动力输出齿轮轴承的轴承刚度 R_2,工作转速 V 和接触阻尼 C 对轴承可靠度的影响表现相对微弱,另外,

变量 V、C 和 C_d 的可靠性灵敏度值是正值,即工作转速、齿轮接触阻尼、轴承径向阻尼这几个变量变大对齿轮系统的可靠性影响是有利的。而 T、R、R_1、R_2 的可靠性灵敏度值是负的,即工作阻力矩、齿轮啮合接触刚度和两种轴承刚度变大对齿轮系统的可靠性影响是不利的。对随机参数方差的灵敏度均为负值,可见随着随机参数分散性的增大,齿轮传动系统的可靠度是降低的。

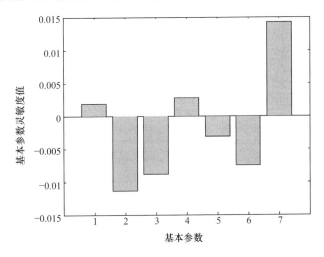

图 5.8　可靠度对基本随机变量均值的灵敏度

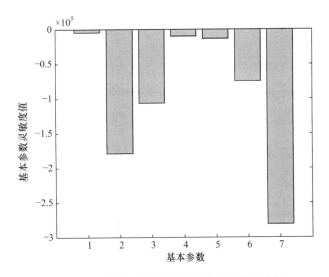

图 5.9　可靠度对基本随机变量方差的灵敏度

第6章 数控刀架可靠性试验

可靠性试验是对产品的可靠性能或失效结果进行试用操作的活动,是对产品进行可靠性调查、分析和评价的一种手段。可靠性试验计划应该尽可能与性能试验、极限试验、环境试验和耐久性试验等综合起来安排。试验结果可为故障分析、纠正措施、判断产品是否达到指标要求提供依据。动力伺服刀架是数控机床类产品上最重要、最核心的机械零部件之一,其性能的优劣直接影响机床的切削性能和切削效率,进而影响到整机的性能、精度及效率。有效的检测方法及试验平台是进一步研究动力刀架的性能和保证其质量的前提。目前,国外刀架性能检测的试验能够进行选刀速度、惯性、不平衡扭矩、承载扭矩等的检测,而国内关于动力刀架性能试验方面的研究还不完善,严重制约了数控车床及车铣复合加工中心可靠性试验的发展和质量的提升。鉴于此,对数控刀架的相关性能进行数据采集和试验分析,进一步进行刀架可靠性能分析,可以为工程设计、制造、使用和评估提供合理和必要的可靠性依据。

6.1 数控刀架性能试验

6.1.1 刀架性能试验

性能试验包括功能监视和性能检测,是一项最基本的试验。产品一旦制成硬件后,首先要进行性能试验,以确定其是否符合设计要求,不符合要求时必须修改设计并再次制成硬件进行性能试验,这一过程应该反复进行直至符合设计要求为止。全寿命周期过程的性能试验需要多次反复进行,而且在各种试验的开始之前、试验过程之中和试验之后,均要进行性能试验,以确保投试产品是符合设计要求的合格产品。试验前测得的产品性能数据可作为后续试验中用以比较的基线数据;试验过程中的性能试验结果同样可以用于判别产品是否出现故障的依据;而测得的产品的性能数据可以用于与基线数据进行比较,以发现产品性能变化的趋势;试验结束后,还要进行性能检测,以判断是否出现故障,了解产品性能变化趋势。因此,从一定意义上来说,性能试验是一个检查产品是否合格并发现问题的常用工具手段,也是可靠性试验和其他试验的重要组成部分。

刀架性能试验系统组成如图 6.1 所示,对主活塞前、后腔油压进行检测。前、后腔压力传感器和数据采集系统(数据采集卡等)用于刀架转位过程中主活塞前、后腔油液压力的采集。伺服控制系统(伺服控制器)及电机参数读取系统用于齿盘转位并锁紧过程中,对伺服电机位置、转速和转矩等信息的采集。36 面棱镜和读数系统(光电自准直仪)用于刀架定位精度的采集。

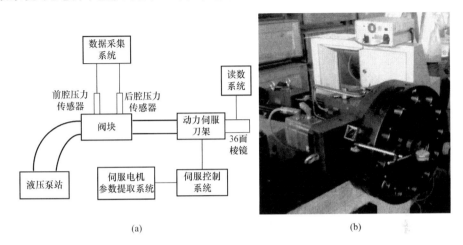

(a)　　　　　　　　　　　　　　　　(b)

图 6.1　刀架性能试验系统组成

　　在刀架性能检测试验中,比较重要的项目是油液压力的检测。刀架液压系统的压力是实现齿盘锁紧与松开的工作动力,也是减压阀等液压控制元件的控制动力,存在于液压元件密封的容腔和连接液压元件的管路之中,反映液压系统的工作状态,是整个系统的重要信息之一。通过对刀架在转位过程中后腔与前腔压力的变化进行检测,来研究和分析刀架工作性能的好坏,其测试指标可以用来对刀架液压传动系统性能与运行状况进行直接评价,以判断设计和研制是否满足技术要求,尤其对于可靠性要求高的产品更显重要。

6.1.2　刀具位置、转速、转矩检测试验

　　动力伺服刀架换刀时,电机编码器根据刀具所在工位及目标工位发出相应脉冲以实现动齿盘粗定位。传动系统误差的存在使得动齿盘不会精确地停留在目标工位上,会产生一定的偏差,加之齿盘加工精度的影响,使得齿盘啮合锁紧时动齿盘会转动一定的角度并反馈给编码器,若粗定位误差很大,则需要动齿盘调整的角度就会很大。长此以往,齿盘的精度就会受到影响,以至于不能满足刀架的定位精度,最终导致动力伺服刀架定位精度不准,所以研究齿盘在锁紧过程中动齿盘的转动角度非常有意义。

　　1. 检测装置

　　转位电机采用交流伺服电机。永磁式交流同步电机由定子、转子和检测元件三部分组成。其工作原理为:伺服电机内部的转子是永磁铁,驱动器控制的 $U/V/$

W 三相电形成电磁场,转子在此磁场的作用下转动,从而带动转轴旋转,同时电机自带的编码器反馈信号给驱动器,驱动器根据反馈值与目标值进行比较,调整转子旋转相应的角度。安装在转轴上的编码器用来检测电机转子的位置及转速。伺服电机的精度取决于编码器的精度(线数)。

刀架转位电机采用脉冲增量式编码器。脉冲增量式编码器又称为光电编码器,在数控机床上既可用作角位移检测,也可用作角速度检测。光电编码器由光源、聚光镜、光电码盘、光阑板、光敏元件和光电转换电路组成。其工作原理为:当光电码盘随轴一起转动时,在光源的照射下,透过光阑板的狭缝形成明暗交替的光信号,光敏元件把此光信号转换成电信号,通过信号处理电路进行整形、放大后变成脉冲信号,计量脉冲的数目即可测出转轴的转角,而计量脉冲的频率即可测出转轴的转速。

光电编码器的型号是由每转发出的脉冲数来区分的。例如,刀架编码器采用8000/r,即转轴每转一转,编码器发出 8000 个脉冲,其脉冲当量为 360°/8000＝0.045°。

驱动器采用伺服驱动器,具有能简单地进行最佳的运转配置、可提高系统的精度、缩短周期时间、降低运行成本等特征。

电机驱动器是用来控制伺服电机的一种控制器,属于伺服系统的一部分,一般可采用位置、速度和力矩三种控制方式,主要用于高精度的定位系统,是传动技术的高端。

2. 检测原理与方法

检测动齿盘转动角度的刀架伺服系统框图如图 6.2 所示。编码器不是直接安装在最终运动部件动齿盘上,而是安装在伺服电机轴上,通过角位移的测量间接计算出动齿盘的实际转角。机械传动部件不在控制环内,使得刀架伺服系统克服了机械加工过程中的受力和受热变形、振动、齿轮磨损等因素对控制的不利影响,容易获得稳定的控制特性。只要检测元件分辨率高和精度高,并使机械传动件具有相应的精度,就会获得较高精度和速度,是获得广泛使用的数控伺服系统。

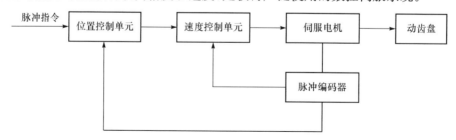

图 6.2　刀架伺服系统框图

在刀架换刀时,伺服驱动器根据刀具所在工位及目标工位发出转位脉冲指令给伺服电机,电机接收到脉冲指令后,电机轴转动以实现动齿盘粗定位,同时编码器随电机轴一同转动并发出相应脉冲信号反馈给驱动器。传动系统误差和制造加工误差的存在,使得齿盘锁紧过程动齿盘会转动一定角度并产生相应的脉冲变化,驱动器根据反馈值与目标值进行比较,调整转子旋转相应的角度以此来检测电机转子的位置及转速。

6.1.3 定位精度检测试验

定位精度是指刀架转动到指定工位后,刀孔中心线与设计中心线在竖直平面内的偏差。由于刀架转位到位之前,控制刀架初定位的编码器发出信号使控制电机的电磁阀断电,此时电机内部的机械自锁部件使电机停在预定位置上,精定位由齿盘啮合锁紧来保证,所以刀架具有较高的定位精度。端齿盘及其分度装置分度误差的检测,根据其精度要求采用不同的检测方法。对于精度要求不太高的端齿盘分度装置,可以直接与标准器件相比较,借助高精度的角度检测仪器(多面棱体、光电自准直仪等),对被测端齿盘分度装置进行比较测量,获得任意位置相对其零位的分度误差。

1. 检测装置

刀架定位精度的检测使用 36 面棱镜及光电自准直仪。定位精度检测简图如图 6.3 所示。

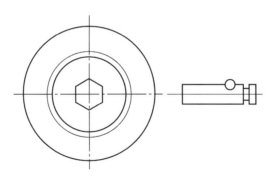

图 6.3 定位精度检测简图

1) 多面棱体

试验采用 36 面棱体。多面棱体是一种常用的高精度圆分度标准器,棱体与自准直仪等仪器配合使用可以检定分度盘、机床的分度机构及丝杠的螺旋线误差等,在精密测试和高精度的机械加工中还可以作为分度定位的基准。多面棱体的结构简单、使用方便,但其面数受体积和工艺的限制,因此直接使用它测量各种圆分度的间隔不能太小。多面棱体圆柱面上各工作面法线所组成的夹角为工作角,要求工作角对名义角的实际偏差不大于±5″,角度检定极限误差不大于±1″。

2) 光电自准直仪

光电自准直仪是利用光学自准直原理,用于小角度测量或可转化为小角度测量的一种常用计量测试仪器。它将被测件上反射镜旋转角度量变换成自准直仪接收器件上的线量变化,通过测出线量变化间接检测出反射面微小角度变化。由于其具有非接触、测量结果与测量距离无关、分辨率和精度高等优点,被广泛应用于精密的测量工作中(图 6.4)。

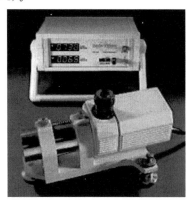

图 6.4　DA400 光电自准直仪

2. 检测原理

光电自准直微小角度测量技术是以光学自准直原理为基础,用测微系统对被测件进行角位移的精密测定。自准直仪原理如图 6.5 所示。

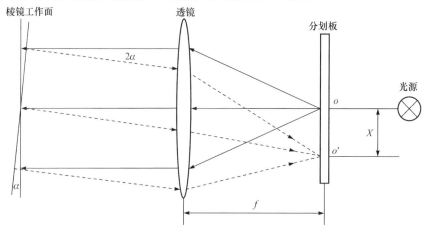

图 6.5　自准直仪原理图

　　光源发出光线照射位于物镜焦平面上的分划板，O 点在物镜光轴上，那么由它发出的光线通过物镜后，成一束与光轴平行的平行光束射向反射镜，由于试验前调整端齿盘与自准直仪确定零位，即棱镜工作面垂直于光轴，所以光线仍然按原路返回，经物镜后仍成像在分划板上 O 处，与原目标重合。分度误差的存在使得刀盘转过固定角度后，棱镜工作面不能与光轴垂直，产生一个小偏转角度 α，当平行光轴的光线射向棱镜工作面时，光线按反射定律与原光线成 2α 返回，通过物镜后成像在分划板上的 O' 处，与原目标不重合而有 X 的位移量。根据几何光学原理，可按下式计算：

$$X = f \cdot \tan 2\alpha \tag{6.1}$$

式中，α 为反射镜偏转角；X 为光斑回像位移；f 为物镜焦距。当 α 很小时，棱镜的转角 α 近似简化为

$$\alpha = \frac{X}{2f} \tag{6.2}$$

　　在自准直仪中，物镜焦距 f 是一个常数。光电自准直仪的像接收器为 CCD 或其他的光电接收器，接收图像后经数据处理输出棱镜的偏角 α。

6.2　动力刀架动态特性试验

　　数控刀架需要具有良好的动态特性和加工精度，以满足现代机械加工工艺要求，因为机床加工过程的稳定性和加工精度是评估机床动态性能的主要指标。机床切削时的振动和变形直接影响加工质量，因此提高稳定性是改善机床动态性能的主要途径。随着现代设计方法的广泛应用，对机床进行振动特性分析，用动态设计取代静态设计已成为现代机床设计发展的必然趋势。现代制造业要求高精度、低粗糙度的高自动化精密机床，设法提高机床的动态性能，减少和避免振动的发生，保证机床在额定功率范围内使用时都不会发生振动，这是机床产品的一项重要研究内容。

　　本章主要对机床的关键部件——动力伺服刀架进行动态特性试验研究，为高档数控机床的动态优化设计提供参考依据。机床的激振特性是动态特性的一个重要指标，主要是指其抵抗受迫振动及自激振动的能力。由于切削振动频率往往接近于主轴和刀具主轴部件的低阶固有频率，可以认为主轴前端切削部件激振点的动柔度反映了主轴部件的抵抗振动能力。通过试验，得到动力伺服刀架前端切削部件激振点（刀尖）的动柔度，可以为预测机床的动态性能和实现优化设计提供必要的信息，因此对数控加工中心进行动态特性仿真和试验是非常有意义的。

1. 试验内容

动力伺服刀架前端切削部件激振点(刀尖)的动柔度分析对于研究机床结构的动态特性、了解结构的薄弱环节、对结构进行优化设计具有重要的意义。试验模态分析是一种在频域内研究结构动态特性的方法,其特点是理论分析与测试试验密切结合,主要内容包括:

(1) 通过试验测得激励和响应的时间历程,运用数字信号处理技术求得频响应函数或脉冲响应函数;

(2) 运用参数识别方法,求得系统的模态参数;

(3) 确定系统的物理参数。

可见,试验模态分析是综合运用机械振动理论、动态测试技术、数字信号处理技术和参数识别手段,进行系统识别的过程。通过对机床结构的激励和响应的传递函数进行曲线拟合,运用模态参数识别技术得到机床结构的模态频率和振型,从而为机床动态特性的深入研究、分析机床动态薄弱环节及机床结构优化设计提供科学依据。

2. 测试系统及试验设备

试验主要目的是应用试验模态分析的方法测量动力伺服刀架前端切削部件激振点(刀尖)的动柔度。试验中,以单点激励、单点测取响应信号,将各测点的激励和响应信号经电荷放大器放大后输入到信号采集仪,经过适当的数据处理,取得频响函数的估计。试验系统大体分为激励部分、信号测量与采集部分和分析记录部分,其测试系统如图 6.6 所示。

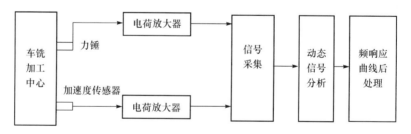

图 6.6　测试系统示意图

1) 激励部分

激励部分主要指信号源,以及将信号放大的功率放大器。信号源一般由激振器或冲击力锤来完成。而激振器都要与被测试件相连,这种情况下激振器对机构的动态特性会有一定程度的影响。该试验采用激振力锤作为振源。

2）信号测量与采集部分

该部分可由用于不同测试目的的各种传感器（如测力传感器，测试位移、速度和加速度的传感器，以及对应变响应进行测试的应变片传感器）组成。目前广泛应用的压电晶体式加速度计，其体积小、质量小、固有频率高，因而具有可测频率范围宽的优点。由于传感器的信号一般都比较微弱，因此有必要采用适调放大器增强微小信号，以便被分析系统测量并进行分析。电荷放大器把电荷信号转换为电压信号，因其不受传感器到放大器之间电缆长度影响而应用较广。因此，该试验采用压电晶体式加速度传感器对响应信号进行拾振。与其相对应的二次仪表为2通道的电荷放大器。

3）测试设备

测试设备包括动力伺服刀架、各种分析仪、计算机和外围设备（用于显示和记录），如图6.7和图6.8所示。

图 6.7　刀架试验台整体

图 6.8　刀架试验台及各个刀座

3. 测试方法

测试中所采用的锤击法是激振模态试验中应用最普遍的方法。锤击法激振是由带力传感器的锤敲击结构来实现的。锤头把宽频脉冲加给被测结构，一次可激出多阶模态,是一种快速测试技术。为了提高测试精度,实测时应采用多次敲击、总体平均的方法计算频响函数。将加速度传感器安装在刀架端部,对系统进行激振试验。

1) 测点布置及激振点选取

为了全面反映机床的动态特性,根据机床结构,测点为动力伺服刀架刀尖部的动柔度。

2) 试验测点布置的原则

(1) 测点原则上与理论计算模型中的节点对应,以便于理论计算与实测结构的对比研究。

(2) 根据以往经验,在条件允许的情况下在关键点处适当增加测点。根据以上原则进行激振时,由于防护等原因,拾振点选取有限,因此部分传感器分别安放在刀座前端面,对刀尖进行激振时采用刀尖和端面进行拾振。

3) 试验准备及过程

在试验过程中,由于多种实际因素的影响,试验所得原始数据中常常包含干扰因素。利用试验模态分析技术研究机床动态特性的一个重要前提是机床结构应该满足各种假设的条件和范围,特别是对多种结合部的复杂机床结构系统,为保证试验的可靠性和有效性,模态试验前应进行以下准备工作:

(1) 互易性试验。模态分析的理论是建立在线性系统基础上的。这要求测试前机床结构的非线性误差比较小。在脉冲激振试验中可以通过互易测点和敲击点的方法进行检验。

为了验证这一特性,用力锤敲击工作台上一点,用加速度传感器在主轴端部一点测量响应信号,然后两点交换后观察,利用动态数据采集系统的示波器观察交换后的波形,若发现无明显变化,这说明此机床在整体结构上大体上是线性的。

(2) 相干性试验。利用激振力的频谱和加速度的频谱可计算出相干函数。相干函数在 0 至 1 之间,它表征试验结果的可靠性以及评价传递函数估计的可信度。一般情况下,相干函数值越接近 1,表明试验所受的干扰越小,试验的结果越可靠,通常要求相干函数应大于 0.8,甚至有的超过 0.9,接近于 1。

4) 测试时应注意问题

(1) 由于测试系统对噪声干扰信号比较敏感,测试时尽量远离干扰源,尽量避免将传感器装在环境温度高、风力大和声音大的地方。该试验在专用的试验室里进行,因此环境温度、风力和声音的干扰很小,可以忽略。

(2) 根据所用仪器特点,采用多点依次激振单点拾振的方法,对各激振点进行脉冲激励时,应保持一定的锤击方向,锤击力要适中,力过小不易激发系统在感兴趣频率范围内所有频率点处的响应,力过大易激出系统的非线性和使测试仪器出现过载现象。

（3）传感器安装的位置，一般要选在构件比较坚固的表面并避开测量模态的节点处。

（4）应避免过多次捶击，而且前后两次锤击的时间不能太短，否则会给分析结果带来很大的误差。

（5）采用相干函数作为检验标准，一般情况下，相干函数值不得低于 0.8。

5）锤击试验流程

（1）选择锤击测点：锤击测点逐一进行，根据试验需要任意选择测点。

（2）清除：表示是否继续本测点的锤击激振，选择清除是把上次的锤击计算结果清除，开始新的锤击激振；选择不清则继续锤击测振。

（3）示波显示：此时可以观察锤击信号和加速度响应信号的幅值是否合适，在没有锤击时信号是否为零。

（4）采集清零：在没有锤击时，观察锤击信号和加速度信号是否位于零线，若不是零，则采用清零处理，如清零正常，则两个信号应位于零。

（5）准备激振：此时程序等待锤击激励信号。

（6）锤击多次平均：捕捉到锤击信号后，程序自动开始计算并进行平均计算。

6）试验测点布置的原则

（1）测点原则上与理论计算模型中的节点对应，以便于理论计算与实测结构的对比研究。

（2）根据以往经验，在条件允许的情况下在关键点处适当增加测点次数。

由于测试的结果具有随机性，要通过人为判断来选取合适的结果。在测试过程中，对于每个测试点都要进行多次测量，选取测量结果中其相干函数结果最为接近于 1 的结果，作为试验结果进行保存。

6.3　伺服电机性能检测

6.3.1　转矩波动系数测试

转矩波动系数定义[178]：伺服系统稳态运行时，对电动机施加恒定负载，瞬时转矩的最大值为 T_{max}，最小值为 T_{min}，则转矩波动系数 K_{fT} 为

$$K_{fT} = \frac{T_{max} - T_{min}}{T_{max} + T_{min}} \tag{6.3}$$

式中，K_{fT} 为转矩波动系数；T_{max} 为瞬态转矩的最大值，N·m；T_{min} 为瞬态转矩的最小值，N·m。

该检测系统由加载控制系统和数控采集系统两部分组成。

1. 加载控制系统

加载控制系统采用测功机及测功机控制器，加载控制系统组成如图 6.9 所示。

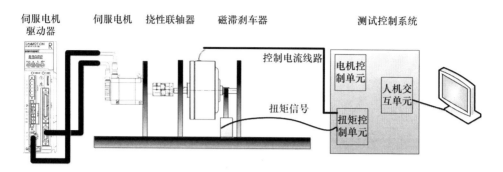

图 6.9　测试系统示意图

2. 数据采集系统

数据采集系统采用振动信号分析采集系统。通过设置参数,控制伺服驱动器的模拟量输出端口的信号类型,使其输出电机运行转速和转矩。使用数据采集系统采集该模拟量进行电机速度、转矩分析。

6.3.2　转速波动系数测试

伺服系统运行稳定时,瞬态速度的最大值为 $n_{\max}$,最小值为 $n_{\min}$,则转速波动系数 K_{fn} 为

$$K_{fn} = \frac{n_{\max} - n_{\min}}{n_{\max} + n_{\min}} \times 100\% \tag{6.4}$$

利用智能数据采集系统,对伺服电机转速波动系数进行测试。

6.3.3　负载变化转速调整率

在负载变化而供电电压及频率保持不变的情况下所出现的转速变化,其数值完全取决于电动机本身的基本特性,所以研究电机本身的特性对衡量电机的性能好坏有重要的作用。

电动机的转速随负载变化的稳定程度用电机的额定转速调整率来表示,伺服系统在额定转速条件下,仅电源电压变化,或仅环境温度变化,或仅负载发生变化,电动机的平均转速变化值与额定转速的百分比分别称为电压变化的转速调整率、温度变化转速调整率、负载变化的转速调整率。转速调整率的计算公式为

$$\Delta n = \frac{|n_i - n_N|}{n_N} \times 100\% \tag{6.5}$$

式中,Δn 为转速调整率;n_i 为电动机的实际转速,r/min;n_N 为电动机的额定转速,r/min。

试验主要通过变化负载求转速调整率,给定转矩时,通过改变速度的大小来记录转速调整率的数值。

6.3.4　系统效率测试

在能源日趋紧张的情况下,提高效率逐渐成为社会关心的问题,而且电动机在实际生活中的适用范围很广,所以分析如何提高电动机的工作效率,对节省资源是很有必要的。利用电机的输出机械功率对驱动器的输入有功功率之比,表示系统效率的测试性能。当转矩一定时,通过改变设定的速度,记录系统效率的大小,研究系统效率随设定速度的变化。当速度一定时,通过改变力矩的大小记录系统的效率值。

6.3.5　正反转速差率

伺服系统在额定电压下空载运行,不改变转速指令的量值,仅改变电动机的旋转方向,测量电动机的正反两方向的转速平均值 n_{ccw} 和 n_{cw},则正反转速差率 K_n 为

$$K_n = \frac{|n_{cw} - n_{ccw}|}{n_{cw} + n_{ccw}} \times 100\% \qquad (6.6)$$

式中,K_n 为正反转速差率;n_{ccw} 为电动机顺时针旋转时的转速平均值,r/min;n_{cw} 为电动机逆时针旋转时的转速平均值,r/min。

通过改变转速指令,并改变电动机的旋转方向,测量正反转速大小,进而计算正反转速差率。

同样采用图 6.1 所示方法,也可以对伺服电机的转矩、位移、速度进行测量。然后进行概率分布特征的分析,分析的概率分布特征量包括均值、标准偏差、偏度等。由此可以得到伺服系统的参数分散性数据,便于后续分析研究。

6.4　转位电机在线性能检测

在给定负载的条件下,启动电机,直至电机速度稳定,然后停止转动,采 10 组数据测试整个过程中转速、输出转矩的波动情况,并对速度微分,获得电机的加速度值。

上升时间:取速度从稳态速度的 10% 达到 90% 的时间间隔为上升时间。

峰值时间:当速度达到峰值时对应的时间刻度。

稳态速度的计算方法:采用第一组数据在稳态附近的速度值取均值。

标准偏差的计算:标准偏差用来衡量随机变量的分散程度,即随机变量取值对

均值的偏离程度。在统计分析中,当样本数量 n 不大时,使用标准偏差的无偏估计值 S,而不用 S_X。其表达式如下:

$$S_X = \sqrt{\frac{\sum\limits_{i=1}^{n}(X_i - \overline{X})^2}{n}}, \quad S = \sqrt{\frac{\sum\limits_{i=1}^{n}(X_i - \overline{X})^2}{n-1}} \qquad (6.7)$$

测试过程在线完成,在刀架试验台上利用伺服电机配套软件采集伺服电机运行中的状态参数。其系统组成图如图 6.10 所示。

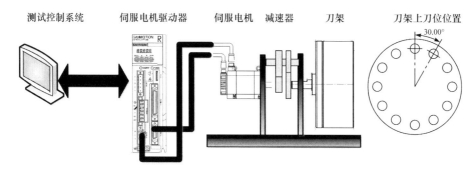

测试控制系统　　伺服电机驱动器　　伺服电机　减速器　　刀架　　刀架上刀位位置

图 6.10　测试系统组成图

6.5　试验数据统计分析方法

无论是可靠性工作还是质量控制工作,其主要特征之一是定量控制,一切要以数据为依据。因此,可靠性工作离不开各种数据的统计、分析与计算。利用这些数据统计和数学手段,就能够使许多试验数据和各种有关信息变成明确的行动指南,进而转化为实际效益。

为了分析产品性能,估计其可靠性参数值,需要依据大量的试验和观测数据,在实际中这种试验和观测数据大多很少。解决这个问题的方法就是根据数理统计中对局部与整体内在联系的分析,用有限的数据对研究对象的统计规律性作出合理的判断,而判断的主要目的就是通过产品的性能试验获得的统计数据来推测产品某性能指标的分布函数,推断的依据是拟合优度检验。拟合优度是观测值的分布与先验的或拟合观测值的理论分布之间符合程度的度量。

在实际问题中,常常不能预知总体的分布,要判断其属于哪种分布类型,目前采用的方法有两种:一种是通过某种类型分布的物理背景来确定其分布;另一种方法是通过可靠性试验,利用数理统计中的判断方法来确定其分布。

6.5.1　数据分析的直方图法

直方图法是对总体分布规律进行初步判断的一种常用方法。直方图是用来进行数据处理,找寻数据规律性的一种方法。通过直方图可以求出一批数据(一个样本)的样本平均值及标准差,并由直方图的形状近似判断该批数据(样本)的总体属于哪种分布。直方图法的具体步骤如下:

(1) 在收集到的一批数据中,找出其最大值(L_a)和最小值(S_m)。

(2) 将数据分组。一般用如下经验公式确定所分组数 k:

$$k = 1 + 3.3 \lg n \tag{6.8}$$

式中,n 为观测的数据个数。

(3) 计算组距 Δt,即组与组之间的间隔

$$\Delta t = \frac{L_a - S_m}{k} \tag{6.9}$$

(4) 确定各组组限值,组限即各组的上、下限值。为了避免数据落在分点上,一般将组限取得比该批数据多一位小数;或将组限取成等于下限值和小于上限值,即按半闭区间配数据。

(5) 计算各组的组中值

$$t_i = \frac{\text{某组下限值} + \text{某组上限值}}{2} \tag{6.10}$$

(6) 统计落入各组的频数 Δr_i 和频率 ω_i

$$\omega_i = \frac{\Delta r_i}{n} \tag{6.11}$$

(7) 计算样本平均值 $\bar{t}$

$$\bar{t} = \frac{1}{n} \sum_{i=1}^{k} \Delta r_i \cdot t_i = \sum_{i=1}^{k} \omega_i \cdot t_i \tag{6.12}$$

(8) 计算样本标准差 S

$$S = \sqrt{\frac{1}{n-1} \sum_{i=1}^{k} \Delta r_i (t_i - \bar{t})^2} \tag{6.13}$$

(9) 作频率直方图。将各组频率除以组距作为纵坐标,横坐标为分组区间,绘制直方图,并将各小矩形的中点用直线相连,绘制频率折线图,折线图所围成的面积为 1。当样本容量增大,组距缩小时,频率折线图将是分布密度曲线的一种近似。

在初步确定了经验分布函数的情况下,数据分析的主要任务就是根据样本来估计总体的分布参数。产品某性能指标的分布参数不仅随产品类型的不同而不同,甚至随着产品批次的不同而有所变动。只有通过样本估计出这些参数,才有可

能对产品的性能进行分析与评估。根据样本观测值估计总体参数值的过程称为参数的估计。点估计是参数估计的一种,其目的是通过样本观测值对未知参数给出接近真值的一个估计数值。点估计的方法很多,极大似然估计就是其中一种比较精确、重要且常用的估计方法。

6.5.2　极大似然估计

极大似然估计的基本思想是:由于样本来自于总体,因此在一定程度上能反映总体的特征。如果在一次试验中得到了样本的观测值 t_1, t_2, $\cdots$, t_n,那么可以说,虽然一个随机试验如有若干个可能的结果出现,但若事件结果 A 出现,则一般认为试验条件对事件 A 出现有利,也即事件 A 出现的概率很大。因此如果总体的待估参数为 θ,其可以取很多估计值,因为不知道它的真值,要在一切 θ 的可能值中选取一个使样本观测值结果出现的概率达到最大时的值作为 θ 的估计值,记为 $\hat{\theta}$。根据上述思想,设总体的分布密度函数为 $f(t_i, \theta)$,从总体中得到的一组样本,其观测值为 t_1, t_2, $\cdots$, t_n,子样取这组观测值的概率为

$$\prod_{i=1}^{n} f(t_i, \theta) \mathrm{d}t_i$$

让其概率达到最大,从而求得 θ 的估计值 $\hat{\theta}$,函数

$$L(\theta) = \prod_{i=1}^{n} f(t_i, \theta) \mathrm{d}t_i \tag{6.14}$$

称为 θ 的似然函数,对其求极值,得到参数 θ 的估计值。由于 $L(\theta)$ 和 $\ln L(\theta)$ 同时取极值,有时也将似然函数表示成 $\ln L(\theta)$ 方程。

$$\frac{\mathrm{d}L(\theta)}{\mathrm{d}\theta} = 0 \quad \text{或} \quad \frac{\mathrm{d}\ln L(\theta)}{\mathrm{d}\theta} = 0 \tag{6.15}$$

称为似然方程,解方程求得估计值 θ。

由所作的直方图的形状可以初步判断所抽取的样本的总体属于何种分布。但此分布与总体分布之间是有差异的,其差异来自于:

(1) 假设的分布不正确,或假设的分布不是总体的分布,这时二者的差异较大。

(2) 假设的分布与总体分布符合,但因子样的随机性引起了偏差,这偏差是随机的,这种偏差比前者要小得多。所以可以确定一个偏差的界限,若由子样计算出的偏差大于此界限,即不能认为经验分布与总体分布符合;若偏差小于此界限就认为二者符合,原先的假设正确。基于此思想,设偏差为 D,由于其为随机变量,可以研究 D 的分布。由子样计算得到的偏差为 d,再由 D 的分布计算选择一个界限 d_a,判别式为

$$P(D \geqslant d_a) = \alpha \tag{6.16}$$

式中,α 是个小概率,可取 0.05,0.1 等,称为显著性水平。这种选择以"小概率事件几乎是不可能发生的事件"的原理为依据。若 $D \geqslant d_a$,则偏差落入大于临界值的范围,发生了小概率事件,应怀疑原来的假设,判断所选择的分布与总体分布之间差异较大,这种选择应该予以拒绝。所以当计算由子样得到的偏差 d 大于 d_a,则应拒绝原假设,否则应接受。

根据上述思想,拟合优度检验的步骤如下:

(1) 提出假设 H_0,即所要检验的假设 H_0 的内容。

(2) 引进统计量,即根据 H_0 的内容选取合适的统计量。

(3) 确定统计量的精确分布或渐进分布。

(4) 根据观测到的样本值算出统计量的计算值。

(5) 确定适当的显著性水平 α。

(6) 假设的接受与拒绝。根据统计量的分布由所给的显著性水平 α,确定出拒绝假设的区域或临界点。若根据(4)由样本计算的统计量在拒绝域范围内或超过临界点的值,则拒绝假设,否则就接受假设。表达如下:

$$P\{统计量计算值 > K_a\} = \alpha \tag{6.17}$$

式中,K_a 为临界点的数值。

极大似然估计是参数估计的方法之一。其思想是已知某个参数能使估计样本出现的概率最大,干脆就把这个参数作为估计的真实值。当然极大似然估计只是一种粗略的数学期望,要知道其误差大小还要作区间估计。

6.5.3　皮尔逊 χ^2 检验

为验证统计得到的经验分布函数 $F_n(t)$ 和假设的理论分布 $F(t)$ 是否一致,将观测得到的数据进行分组,选用统计量 χ_q^2 作为经验分布和假设的理论分布之间的差异度,用下式表示:

$$\chi_q^2 = \sum_{i=1}^{m} \frac{(m_i - nX_i)^2}{nX_i} = \sum_{i=1}^{m} \frac{m_i^2}{nX_i} - n \tag{6.18}$$

式中,m 为数据所分的组数;m_i 为落入第 i 组的频数;n 为样本容量;X_i 为按假设的理论分布计算得到的落入第 i 组的频率;nX_i 为第 i 组的理论频数。

皮尔逊证明了当 n 足够大时,所设经验分布和理论分布差异的统计量 χ_q^2 的渐近分布服从自由度为 $k = m-1$ 的 χ^2 分布。当所假设的理论分布的参数是用统计得到的样本估计出来时,自由度为

$$k = m - r - 1 \tag{6.19}$$

式中,r 为所估计的总体分布参数的个数。

χ^2 检验的注意事项和计算步骤为:

(1) 利用皮尔逊 χ^2 检验法进行总体分布检验时,要求所取的样品数 $n \geqslant 50$,落入每组的频数 $m_i \geqslant 5$,如果某组 m_i 太小,可进行合并,减少组数。

(2) 将数据分组,统计各组频数,根据分布情况建立原假设 $H_0 : F_n(t) = F(t)$。

(3) 给出显著性水平 α。

(4) 按下式计算落入任一区间的理论概率:

$$X_i = F(t_i) - F(t_i - 1) = P(t_i - 1 \leqslant T < t_i) \tag{6.20}$$

(5) 按式(6.18)计算统计量。

(6) 根据自由度 k 及显著性水平 α,查分布表得 $\chi^2_\alpha(k)$ 值。作出原假设接受与否的结论。

皮尔逊 χ^2 检验具有很广泛的使用范围,总体分布无论是离散型还是连续型的随机变量均可以使用皮尔逊 χ^2 检验方法,而且总体分布参数可以已知,也可以未知,甚至还可以用于不完全样本情况。由于使用时要将数据分组,也正是因为分组的关系,有时虽然原始假设和样本的经验分布差异很大,但是检验没有取到差异大的点上,而使假设检验通过。这说明皮尔逊 χ^2 检验方法有可能会将不真实的假设接受下来。

参 考 文 献

[1] Newman S T, Nassehi A, Xu X W, et al. Strategic advantages of interoperability for global manufacturing using CNC technology [J]. Robotics and Computer-Integrated Manufacturing, 2008, 24(6): 699-708.

[2] 王润孝, 秦现生. 机床数控原理与系统 [M]. 西安: 西北工业大学出版社, 1997: 30-80.

[3] Sotiris L, Omirou A. CNC interpolation algorithm for boundary machining [J]. Robotics and Computer-Integrated Manufacturing, 2004, 20(3): 255-264.

[4] Segonds S, Bes C, Cohen G, et al. Statistical study of the spindle dilatation phenomena——Application to a NC lathe [J]. International Journal of Machine Tools and Manufacture, 2007, 47(15): 2307-2311.

[5] 卢光贤. 机床液压传动与控制 [M]. 西安: 西北工业大学出版社, 2006: 10-30.

[6] 杨贺来. 数控机床 [M]. 北京: 清华大学出版社, 2009: 201-266.

[7] Wang Y Q, Jia Y Z, Yu J Y, et al. Failure probabilistic model of CNC lathes [J]. Reliability Engineering & System Safety, 1999, 65(3): 307-314.

[8] 胡旭晓. 机床进给系统摩擦特性分析及改善措施研究 [J]. 机械工程学报, 2005, 41(8): 185-189.

[9] Zhu W H. A fast tool servo design for precision turning of shafts on conventional CNC lathes [J]. International Journal of Machine Tools and Manufacture, 2001, 41(7): 953-965.

[10] Brecher C. Compensation of thermo-dependent machine tool deformations due to spindle load: Investigation of the optimal transfer function in consideration of rough machining [J]. Production Engineering, 2011, 5(5): 565-574.

[11] Yun W S, Kim S K, Cho D W. Thermal error analysis for a CNC lathe feed drive system [J]. International Journal of Machine Tools and Manufacture, 1999, 39(7): 1087-1101.

[12] 朱志宏. 金属切削机床 [M]. 南京: 东南大学出版社, 1997: 156-188.

[13] Chen T Y, Wei W J, Tsai J C. Optimum design of headstocks of precision lathes [J]. International Journal of Machine Tools and Manufacture, 1999, 39(12): 1961-1977.

[14] Karlheinz J. Tool head for holding tool in a machine tool: US, 2003/0152431A1 [P]. 2003-08-23.

[15] Yusuke M. Turret type tool post: US, 2003/0046799A1 [P]. 2003-03-13.

[16] Bono M J, Kroll J J. Tool setting on a B-axis rotary table of a precision lathe [J]. International Journal of Machine Tools and Manufacture, 2008, 48(11): 1261-1267.

[17] Bono M J, Seugling R M, Kroll J J, et al. An uncertainty analysis of tool setting methods for a precision lathe with a B-axis rotary table [J]. Precision Engineering, 2010, 34(2): 242-252.

[18] Selek M. Experimental examination of the cooling performance of Ranque-Hilsch vortex tube on the cutting tool nose point of the turret lathe through infrared thermography method [J].

International Journal of Refrigeration,2011,34(3):807-815.

[19] 郭前建,杨建国.基于蚁群算法的机床热误差建模技术 [J]. 上海交通大学学报,2009,43 (5):803-806.

[20] Mori M,Mizuguchi H,Fujishima M,et al. Design optimization and development of CNC lathe headstock to minimize thermal deformation [J]. CIRP Annals—Manufacturing Technology,2009,58(1):331-334.

[21] Chong M. Recent patents in automatic tool changers and applications [J]. Recent Patents on Engineering,2009,3(2):117-128.

[22] Liu Y. Research on the influence of shields to thermal equilibrium of CNC machine tool [J]. Materials Science Forum,2009,626:441-446.

[23] Jeong Y H. Virtual automatic tool changer of a machining centre with a real-time simulation [J]. International Journal of Computer Integrated Manufacturing,2008,21(8):885-894.

[24] Detlef D S,Rolf W. Coolant valve for a tool turret:US,005794917A [P]. 1998-08-18.

[25] Friedrich L,Walter G. Tool turret for a machine tool,in particular a lathe:US,005455993A [P]. 1995-10-10.

[26] Helmut T,Frieder A. Tool turret with reduced switching times:US,005339504A [P]. 1996-08-23.

[27] Helmut T,Friedrich H. Spindle head for tool turret:US,005332344A [P]. 1996-07-26.

[28] Baykasoglu A. Heuristic optimization system for the determination of index positions on CNC magazines with the consideration of cutting tool duplications [J]. International Journal of Production Research,2004,42(7):1281-1303.

[29] Lu Y H. Power transmission mechanism for a turret of lathe:US,2005/0247172A1 [P]. 2005-11-10.

[30] Mitsuji M,Haruki I. Turret for machine tool:US,2005/0132550A1 [P]. 2005-06-23.

[31] Reiner S,Detlef S. Tool turret:US,2004/0103510A1 [P]. 2004-06-03.

[32] Koichiro K,Kazuo K,Naoya T,et al. Turret for lathe:US,2004/0003690A1 [P]. 2004-01-08.

[33] Liu M. Study on optimal path changing tools in CNC turret typing machine based on genetic algorithm [J]. IFIP Advances in Information and Communication Technology,2011,347 (4):345-354.

[34] Willy S,Helmut T,Rainer W,et al. Method and apparatus to control locking of a tool turret:US,5067371A [P]. 1995-11-26.

[35] Helmut T. Tool turret:US,005168614A [P]. 1998-12-08.

[36] Willy S,Helmut T,Erhard O,et al. Tool turret with rapidly angularly adjustable turret head:US,4972744A [P]. 1993-11-27.

[37] Zhu W H,Jun M B,Altintas Y. A fast tool servo design for precision turning of shafts on conventional CNC lathes [J]. International Journal of Machine Tools and Manufacture, 2001,41(7):953-965.

[38] 吴雅,梅志坚,杨叔子. 机床切削颤振的定常与时变特性 [J]. 固体力学学报,1998,13(3):271-276.

[39] 张义民. 数控机床可靠性技术评述(上)[J]. 世界制造技术与装备市场,2012,122(5):49-57.

[40] 张义民. 数控机床可靠性技术评述(下) [J]. 世界制造技术与装备市场,2012,122(6):56-63,67.

[41] Naoshi T,Michio W,Satoshi K. Machine tool:US,7189194B1 [P]. 2007-03-13.

[42] Willy S,Helmut T,Schips G,et al. Tool turret:US,4989303A [P]. 1993-02-05.

[43] Helmut T,Hans K. Tool holder of modular construction for driven tools:US,005188493A [P]. 1995-02-23.

[44] Helmut T,Walter R,Schips G,et al. Tool turret with flexible clutch:US,4991474A [P]. 1994-12-12.

[45] Zietarski S. System integrated product design,CNC programming and postprocessing for three-axis lathes [J]. Journal of Materials Processing Technology,2001,109(3):294-299.

[46] Sheehan B,Comstock G. Belt-driven indexing tool turret assembly:US,WO2009/006372A1 [P]. 2009-01-28.

[47] Helmut T. Method and apparatus for changing the tool disk of a tool turret:US,005226869A [P]. 1995-07-13.

[48] Helmut T,Friedrich H. Tool turret with pneumatic locking system:US,005187847A [P]. 1995-02-23.

[49] Alan C L,James A O. Apparatus for transmitting motion to a off-axis rotary driven tool:US,005118229A [P]. 1996-06-02.

[50] Chen C G. Surface design of roller gear cam mechanisms with a turret in both translation and rotation [J]. Journal of Mechanical Engineering Science,2008,222(6):1071-1080.

[51] Walter W,Groesbeck H,Roseville M. Continuous tool rotation tool turret:US,WO2009/060386 A2 [P]. 2009-05-14.

[52] Hyatt G,Sahasrabudhe A. Tool indexer and turret-indexer assembly:US,WO2009/049200A1 [P]. 2009-04-16.

[53] Schips G,Eberle M,Kotzur M. Tool tueert:US,WO2009/036850A1 [P]. 2009-03-26.

[54] Bernardi F. Tool-holder turret:US,WO2004/087370A1 [P]. 2004-10-14.

[55] Natale M. Tool-carrying turret with stopping devices performing automatic centering of the means for locking the turret itself:US,005887500A [P]. 1999-03-30.

[56] Karlheinz J,Klaus M. Tool support for tools on machine tools:US,2009/0116912A1 [P]. 2009-05-07.

[57] Sheehan T,Sheehan B C,Comstock G L. Three piece coupling arrangement for a turret indexing mechanism for a machine tool assembly and a air bearing assembly for the same:US,2002/0032107A1 [P]. 2002-03-14.

[58] Reiner S,Alfred E M,Detlef S,et al. Turret:US,2002/0170397A1 [P]. 2002-11-21.

[59] 王柏泉,王三兴,徐伟. 刀塔的转动定位机构:中国,CN200984655Y [P]. 2007-12-05.

[60] 杨学良. 转塔刀塔中转盘的锁定装置:中国,CN101234434A [P]. 2008-08-06.

[61] 张广鹏,史文浩,黄玉美,等. 机床整机动态特性的预测解析建模方法 [J]. 上海交通大学学报,2001,35(12):1834-1837.

[62] Shiba K, Yamamoto D, Chanthapan S, et al. Development of a miniature abrasion-detecting device for a small precision lathe [J]. Sensors and Actuators A: Physical, 2003, 109(1-2): 137-142.

[63] Kolar P. Simulation of dynamic properties of a spindle and tool system coupled with a machine tool frame [J]. International Journal of Advanced Manufacturing Technology, 2011, 54(1):11-20.

[64] Szecsi T. Automatic cutting-tool condition monitoring on CNC lathes [J]. Journal of Materials Processing Technology, 1998, 77(1-3):64-69.

[65] 刘海涛,赵万华. 基于结合面的机床摄动分析及优化设计 [J]. 西安交通大学学报,2010,44(1):96-99.

[66] Graziano A. Sensor design and evaluation for on-machine probing of extruded tool joints [J]. Precision Engineering, 2011, 35(3):525-535.

[67] Conway J R, Ernesto C A, Farouki R T, et al. Performance analysis of cross-coupled controllers for CNC machines based upon precise real-time contour error measurement [J]. International Journal of Machine Tools and Manufacture, 2012, 52(1):30-39.

[68] Beauchamp Y, Thomas M, Youssef Y A, et al. Investigation of cutting parameter effects on surface roughness in lathe boring operation by use of a full factorial design [J]. Computers & Industrial Engineering, 1996, 31(3-4):645-651.

[69] Guerra M D, Coelho R T. Development of a low cost Touch Trigger Probe for CNC Lathes [J]. Journal of Materials Processing Technology, 2006, 179(1-3):117-123.

[70] Thomas M T, Beauchamp Y, Youssef A Y, et al. Effect of tool vibrations on surface roughness during lathe dry turning process [J]. Computers & Industrial Engineering, 1996, 31(3-4):637-644.

[71] Altintas Y, Brecher C, Weck M, et al. Virtual machine tool [J]. CIRP Annals—Manufacturing Technology, 2005, 54(2):115-138.

[72] Rose S. Tooling options for turning: An old idea that improves cycle times [J]. Tooling and Production, 2005, 71(5):12, 13.

[73] Duplomatic N. Tool carrier turret: US, 5632075A[P]. 1995-03-09.

[74] Armin H. Werkzeugrevolver: DE, 102007061793B3[P]. 2007-12-19.

[75] De B F. Tool-holder turret: EP, 0782901A1[P]. 1997-07-09.

[76] Ishiguro H. Turret for machine tool: EP, 1642676A1[P]. 2006-04-05.

[77] Park J H. Tool turret: EP, 1808245A2[P]. 2007-07-18.

[78] Park J H. Tool turret: EP, 1808267A1[P]. 2007-07-18.

[79] Matsumoto Y. Turret type tool post: US, 20030046799A1[P]. 2003-03-13.

[80] Lu Y H, Lin P S. Structure of a dual disc type of tool turret device of a machine: US, 7437811B1[P]. 2008-10-21.

[81] Boffelli P C, Natale M. Tool-holder turret with an epicyclic transmission and positioning unit: US, 4944198[P]. 1990-7-31.

[82] Handel F, Thumm H. Tool turret with pneumatic locking system: US, 5187847[P]. 1993-02-23.

[83] 张义民, 闫明, 杨周, 等. 单伺服动力刀架: 中国, CN102319909A[P]. 2012-01-18.

[84] 张义民, 闫明, 杨周, 等. 双伺服动力刀架: 中国, CN02274983A[P]. 2011-12-14.

[85] 张义民, 闫明, 杨周, 等. 直驱式伺服刀架: 中国, CN102240917A[P]. 2011-11-16.

[86] Sahm D D. Tool turret with carrier plate: US, 5720089A[P]. 1998-02-24.

[87] Sakai S. JiuRotary tool holder and machine tool using the same: JP, 2000225508A[P]. 2000-08-15.

[88] Handel F, Thumm H. Spindle head for tool turret: US, 5332344[P]. 1994-07-26.

[89] De B F. Rotating toolholder: EP, 1704019A1[P]. 2006-09-27.

[90] Sahm D D, Wezel R. Coolant valve for a tool turret: US, 5794917A[P]. 1998-08-18.

[91] Wawrzyniak W. Continuous tool rotation tool turret: US, 20080060182A1[P]. 2008-03-13.

[92] Sahm D, Sauter R. Tool turret: US, 20040103510A1[P]. 2004-06-03.

[93] 张义民, 闫明, 杨周, 等. 一种数控刀架三联齿盘定位结构: 中国, CN102500774A[P]. 2012-06-20.

[94] 闫明, 朱相军, 王明明, 等. 转塔刀架分度定位机构: 中国, CN102975081A[P]. 2013-03-20.

[95] 张义民. 机械可靠性漫谈 [M]. 北京: 科学出版社, 2012.

[96] Zhang Y M. Reliability-based design for automobiles in China [J]. Frontiers of Mechanical Engineering in China, 2008, 3(4): 369-376.

[97] 张义民. 机械振动学漫谈 [M]. 北京: 科学出版社, 2010.

[98] Wang X G, Zhang Y M, Wang B Y. Dynamic reliability-based robust optimization design for a torsion bar [J]. Proceedings of the Institution of Mechanical Engineers Part C-Journal of Mechanical Engineering Science, 2009, 223(2): 483-490.

[99] Zhang Y M, Lv C M, Zhou N, et al. Frequency reliability sensitivity for dynamic structural systems [J]. Mechanics Based Design of Structures and Machines, 2010, 38(1): 74-85.

[100] Wang F Y, Wang D H, Chai T Y, et al. Robust adaptive fuzzy tracking control with two errors of uncertain nonlinear systems [J]. International Journal of Innovative Computing, Information and Control, 2010, 6(12): 1-10.

[101] 张义民. 机械可靠性设计的内涵与递进 [J]. 机械工程学报, 2010, 46(14): 167-188.

[102] 张义民, 黄贤振. 机械产品研发的可靠性规范 [J]. 中国机械工程, 2010, 21(23): 2773-2785.

[103] 张义民. 我国装备制造业应提倡精细工程 [N]. 科技日报, 2011-11-20 第 2 版.

[104] 张义民. 谁来脱掉"企业的靴子?" [N]. 科技日报, 2012-06-02 第 2 版.

[105] Wang Y Q, Jia Y Z, Shen G X. Multidimensional force spectra of CNC machine tools and

their applications,part one: Force spectra [J]. International Journal of Fatigue,2002,24(10):1037-1046.

[106] Wang Y Q,Shen G X,Jia Y Z. Multidimensional force spectra of CNC machine tools and their applications,Part two:Reliability design of elements [J]. International Journal of Fatigue,2003,25(5):447-452.

[107] Zhang X F,Zhang Y M,Hao Q J. Correlation failure analysis of an uncertain hysteretic vibration system [J]. Earthquake Engineering and Engineering Vibration,2008,7(1):57-65.

[108] Zhang Y M,Chen S H,Liu Q L,et al. Stochastic perturbation finite elements [J]. Computers & Structures,1996,59(3):425-429.

[109] Zhang Y M,Wen B C,Chen S H. PFEM formalism in Kronecker notation [J]. Mathematics and Mechanics of Solids,1996,1(4):445-461.

[110] Zhang Y M,He X D,Liu Q L,et al. Robust reliability design of banjo flange with arbitrary distribution parameters [J]. Journal of Pressure Vessel Technology-Transactions of the ASME,2005,127(4):408-413.

[111] 张艳林,张义民,金雅娟. 基于均值一阶 Esscher's 近似的可靠性灵敏度分析 [J]. 机械工程学报,2011,47(6):168-172.

[112] Zhang Y M,Yang Z. Reliability-based sensitivity analysis of vehicle components with non-normal distribution parameters [J]. International Journal of Automotive Technology,2009,10(2):181-194.

[113] Zhang Y M,He X D,Liu Q L,et al. An approach of robust reliability design for mechanical components [J]. Proceedings of the Institution of Mechanical Engineers Part E-Journal of Process Mechanical Engineering,2005,219(E3):275-283.

[114] Su C Q,Zhang Y M,Zhao Q C. Vibration reliability sensitivity analysis of general system with correlation failure modes [J]. Journal of Mechanical Science and Technology,2011,25(12):3123-3133.

[115] 金雅娟,张义民,张艳林. 基于鞍点逼近的机械零部件可靠性及其灵敏度分析 [J]. 机械工程学报,2009,45(12):102-107.

[116] 张义民,张旭方. 复合随机 Duffing 系统可靠性分析 [J]. 物理学报,2008,27(7):3989-3995.

[117] 张旭方,Pandey M D,张义民. 结构随机响应计算的一种数值方法 [J]. 中国科学(E 辑),2012,42(1):103-114.

[118] Zhang Y M,Liu Q L. Practical reliability-based analysis of coil tube-spring [J]. Proceedings of the Institution of Mechanical Engineers Part C—Journal of Mechanical Engineering Science,2002,216(C2):179-182.

[119] 张义民,王顺,刘巧伶,等. 具有相关失效模式的多自由度非线性随机结构振动系统的可靠性分析 [J]. 中国科学(E 辑),2003,33(9):804-812.

[120] 李景奎,张义民. 非正态分布的连续体结构可靠性拓扑优化设计 [J]. 机械工程学报,2012,48(3):154-158.

[121] Zhang Y M, He X D, Liu Q L, et al. Reliability-based optimization and robust design of coil tube-spring with non-normal distribution parameters [J]. Proceedings of the Institution of Mechanical Engineers Part C-Journal of Mechanical Engineering Science, 2005, 219(C6): 567-576.

[122] Zhang Y M, Wen B C, Liu Q L. Stochastic eigenvalues in system with matrix functions [J]. International Journal of Applied Mathematics and Mechanics, 2005, 2: 1-11.

[123] Wang Y F, Chai T Y, Zhang Y M. State observer-based adaptive fuzzy output-feedback control for a class of uncertain nonlinear systems [J]. Information Sciences, 2010, 180: 5029-5040.

[124] Huang X Z, Zhang Y M. Robust tolerance design for function generation mechanisms with joint clearances [J]. Mechanism and Machine Theory, 2010, 45(9): 1286-1297.

[125] 张义民. 任意分布参数的机械零件的可靠性灵敏度设计 [J]. 机械工程学报, 2004, 40(8): 100-105.

[126] Zhang X F, Zhang Y M, Pandey M D, et al. Probability density function for stochastic response of non-linear oscillation system under random excitation [J]. International Journal of Non-Linear Mechanics, 2010, 45(8): 800-808.

[127] Zhang Y M, Wen B C. Multi-dimensional sensitivity analysis of eigen-systems [J]. International Journal of Applied Mathematics and Mechanics, 2005, 1: 97-105.

[128] Zhang Y M, Wen B C, Liu Q L. Reliability sensitivity for rotor – stator systems with rubbing [J]. Journal of Sound and Vibration, 2003, 259(5): 1095-1107.

[129] Zhang Y M, Liu Q L, Wen B C. Dynamic research of a nonlinear stochastic vibratory machine [J]. Shock and Vibration, 2002, 9(6): 277-281.

[130] Zhang Y M, Chen S H, Liu Q L. The sensitivity of multibody systems with respect to a design variable matrix [J]. Mechanics Research Communications, 1994, 21(3): 223-230.

[131] 卢昊, 张义民, 赵长龙, 等. 多失效模式机械零件可靠性灵敏度估计 [J], 机械工程学报, 2012, 48(2): 62-67.

[132] 张义民, 李鹤, 闻邦椿. 基于灵敏度的振动传递路径的参数贡献度分析 [J]. 机械工程学报, 2008, 44(10): 168-171.

[133] 苏长青, 张义民, 杜劲松. 具有相关失效模式转子系统的频率可靠性研究 [J]. 机械工程学报, 2012, 48(6): 175-179.

[134] 吕春梅, 张义民, 冯文周, 等. 多跨转子系统频率可靠性灵敏度与稳健设计 [J]. 机械工程学报, 2012, 48(10): 178-183.

[135] Zhang Y M, He X D, Liu Q L, et al. Reliability sensitivity of automobile components with arbitrary distribution parameters [J]. Proceedings of the Institution of Mechanical Engineers Part D—Journal of Automobile Engineering, 2005, 219(2): 165-182.

[136] 王新刚, 张义民, 王宝艳. 机械零部件的动态可靠性灵敏度分析 [J]. 机械工程学报, 2010, 46(10): 188-193.

[137] 张义民, 刘巧伶, 闻邦椿. 非线性随机系统的独立失效模式可靠性灵敏度 [J]. 力学学报,

2003,35(1):117-120.

[138] Zhang Y M,He X D,Liu Q L,et al. Reliability-based sensitivity of mechanical components with arbitrary distribution parameters [J]. Journal of Mechanical Science and Technology, 2010,24(6):1187-1193.

[139] Liu Y,Liu C S,Mao L Q,et al. Structural optimization method of key part of high speed machining center [J]. Advances in Automation and Robotics,2011,2:203-208.

[140] Ma H,Yu T,Han Q K,et al. Time-frequency features of two types of coupled rub-impact faults in rotor systems [J]. Journal of Sound and Vibration,2009,321(3-5):1109-1128.

[141] Zhao W,Zhang Y M. Path transfer probability for vibration transfer path systems with translational and rotational motions in time range [J]. Frontiers of Manufacturing and Design Science II,2012,121-126:4532-4536.

[142] Zhang Y M. Quasi-failure analysis on resonant demolition for random continuous vibration systems [J]. Advances in Vibration Engineering,2005,4(1):107-113.

[143] Zhang Y M,Huang X Z,Zhao Q. Sensitivity analysis for vibration transfer path systems with non-viscous damping [J]. Journal of Vibration and Control,2011,17(7):1042-1048.

[144] Lu H ,Zhang Y M,Zhang X F,et al. Fatigue reliability sensitivity analysis of complex mechanical components under random excitation [J]. Mathematical Problems in Engineering, 2011,17:586316 .

[145] Li H ,Yang Z,Zhang Y M,et al. Deflections of nanowires with consideration of surface effects [J]. Chinese Physics Letters,2011,27(12):126201.

[146] Liu C S,Liu Y,Zhang Y M. Study of B-Spline Interpolation,Correction and Inverse Algorithm [J]. Advances in Automation and Robotics,2011,2:215-221.

[147] Zhao C Y,Zhu H T,Zhang Y M,et al. Synchronization of two coupled exciters in a vibrating system of spatial motion [J]. ACTA Mechanica Sinica,2010,26(3):477-493.

[148] Zhang Y M. Stochastic responses of multi-degree-of-freedom uncertain hysteretic systems [J]. Shock and Vibration,2011,18(1-2):387-396.

[149] Huang X Z,Zhang Y M. Reliability sensitivity analysis for rack-and-pinion steering linkages [J]. Journal of Mechanical Design,2010,32(7):071012.

[150] Zhang Y M,He X D,Liu Q L,et al. Robust reliability design of vehicle components with arbitrary distribution parameters [J]. International Journal of Automotive Technology, 2006,7(7):859-866.

[151] Zhao C Y,Zhao Q H,Zhang Y M,et al. Synchronization of two non-identical coupled exciters in a non-resonant vibrating system of plane motion [J]. Journal of Mechanical Science and Technology,2011,25(1):49-60.

[152] Liu Y,Liu C S,Li Z C,et al. Development of the analysis software of reliability based on the Matlab [J]. Advances in Automation and Robotics,2011,2:209-214.

[153] Zhang Y M,Liu Q L,Wen B C. Reliability sensitivity of multi-degree-of-freedom uncertain nonlinear systems with independence failure modes [J]. Journal of Mechanical Science and

Technology,2007,21(6):908-912.

[154] Zhang X F, Zhao Y E, Zhang Y M, et al. A points estimation and series approximation method for uncertainty analysis [J]. Proceedings of the Institution of Mechanical Engineers,Part C—Journal of Mechanical Engineering Science,2009,223(9):1997-2007.

[155] Huang X Z, Zhang Y M. Probabilistic approach to system reliability of mechanism with correlated failure models [J]. Mathematical Problems in Engineering,2012,(15):321-332.

[156] 张义民,黄贤振,贺向东.不完全概率信息牛头刨床机构运动精度可靠性稳健设计 [J].机械工程学报,2009,45(4):105-110.

[157] Huang X Z, Zhang Y M, Jin Y J, et al. An improved decomposition method in probabilistic analysis using Chebyshev approximation [J]. Structural and Multidisciplinary Optimization,2011,43(6):785-797.

[158] Yang Z, Zhang Y M, Zhang X F, et al. Reliability sensitivity-based correlation coefficient calculation in structural reliability analysis [J]. Chinese Journal of Mechanical Engineering,2012,25(3):608-614.

[159] 张义民,黄贤振,张旭方,等.平面机构运动性能系统可靠性分析 [J].科学通报,2009,54(6):668-672.

[160] Zhang Y M, Wen B C, Liu Q L. First passage of uncertain single degree-of-freedom nonlinear oscillators [J]. Computer Methods in Applied Mechanics and Engineering,1998,165(4):23-231.

[161] Zhang Y M, Wen B C, Chen S H. Eigenvalue problem of constrained flexible multibody systems [J]. Mechanics Research Communications,1997,24(1):11-16.

[162] Wen B C, Zhang Y M, Liu Q L. Response of uncertain nonlinear vibration systems with 2D matrix functions [J]. Nonlinear Dynamics,1998,15(2):179-190.

[163] Zhang Y M, Wen B C, Andrew Y, et al. Reliability analysis for rotor rubbing [J]. Journal of Vibration and Acoustics-Transactions of the ASME,2002,124(1):58-62.

[164] Zhao C Y, Zhang Y M, Wen B C. Synchronization and general dynamic symmetry of a vibrating system with two exciters rotating in opposite directions [J]. Chinese Physics B,2010,19(3):030301 1-030301 7.

[165] Zhang Y M, Huang X Z. Sensitivity with respect to the path parameters and nonlinear stiffness of vibration transfer path systems [J]. Mathematical Problems in Engineering,2010,(13):157-164.

[166] Zhang Y M, Wen B C, Liu Q L. Sensitivity of rotor-stator systems with rubbing [J]. Mechanics of Structures and Machines,2002,30(2):203-211.

[167] Zhang Y M, Zhang L, Zheng J X, et al. Neural network for structural stress concentration factors in reliability-based optimization [J]. Proceedings of the Institution of Mechanical Engineers,Part G—Journal of Aerospace Engineering,2006,220(G3):217-224.

[168] 张义民,朱丽莎,唐乐,等.刚柔混合非线性转子系统的动态应力可靠性及可靠性灵敏度研究 [J].机械工程学报,2011,47(2):159-165.

[169] Yang Z,Zhang Y M,Zhang X F,et al. Reliability-based sensitivity design of gear pairs with non-Gaussian random parameters [J]. Frontiers of Manufacturing and Design Science Ii, 2012,121-126:3411-3418.

[170] Zhang Y M,Liu Q L,Wen B C. Practical reliability-based design of gear pairs [J]. Mechanism and Machine Theory,2003,38(12):1363-1370.

[171] Zhang Y M,Liu Q L. Reliability-based design of automobile components [J]. Proceedings of the Institution of Mechanical Engineers Part D—Journal of Automobile Engineering, 2002,216(D6):455-471.

[172] Zhang Y M,Liu Q L,Wen B C. Quasi-failure analysis on resonant demolition of random structural systems [J]. AIAA Journal,2002,40(3):585-586.

[173] 李常有,张义民,王跃武. 线性连续系统的动态与渐变耦合可靠性分析 [J],机械工程学报,2012,48(2):23-29.

[174] Li J K,Zhang Y M. Stochastic topology optimization of continuum structure [J]. Advances in Engineering Design and Optimization II,2012,102:666-669.

[175] Su C Q,Li L X,Zhang Y M. Reliability-based robust optimization design for rubbing rotor system [J]. Vibration, Structural Engineering and Measurement I, 2012, 105-107: 1100-1104.

[176] 李常有,张义民,王跃武. 恒定加工条件及定期补偿下的刀具渐变可靠性灵敏度分析方法 [J]. 机械工程学报,2012,48(12):162-168.

[177] Li C Y,Zhang Y M,Xu M Q. Reliability-based maintenance optimization under imperfect predictive maintenance [J]. Chinese Journal of Mechanical Engineering,2012,25(1):160-165.

[178] 颜嘉男. 伺服电机应用技术 [M]. 北京：科学出版社,2010.